Abbildung 1

kfz-tech.de/PVe87

Inhalt

Einführung 6

Anfänge 22

Voraussetzungen 26

Jahrhundertwende 32

Werkstätten 35

Entwicklung 38

Zwischenkriegszeit 43

Rekorde 47

Diesel im Pkw 52

Direkteinspritzung 1 55

Wankelmotor 57

Gemischaufbereitung 61

Direkteinspritzung 2 63

Kolbenmotoren 69

Kolbenherstellung 71

- Nichtparallele Zylinder 75
- Honen 1 84
- Honen 2 91
- Honen 3 98
- Arbeitsverfahren 103
- Viertakter 107
- Verdichtung 109
- Motorsteuerung 1 111
- Motorsteuerung 2 113
- Kurbelgehäuseentlüftung 115
- Atkinson/Miller 117
- Kolbengeschwindigkeit 122
- Effektive Leistung 125
- Indizierte Leistung 128
- Muschelkurven 133
- Spezifischer Verbrauch 136
- Wirkungsgrad 139

- Fahrschule 1 142
- Fahrschule 2 144
- Leichtmetall 148
- Luftbedarf 149
- Verbrennung 1 152
- Benzin - Diesel 156
- Verbrennung 2 158
- Abgas 1 161
- Abgas 2 163
- Abgas 3 166
- Qualität/Quantität 1 168
- Qualität/Quantität 2 171
- Verbrennung 3 174
- Verbrennung 4 177
- Verbrennung 5 179
- Kennfeld 1 181
- Kennfeld 2 183

- Druck erzeugt Kraft 1 186
- Druck erzeugt Kraft 2 190
- Stichworte 192
- Wie geht es weiter? 198
- Wenn Ihnen 199
- Alle gedruckten Bücher 199

▯▮▮▮ Einführung

Abbildung 2

kfz-tech.de/PVe46

> Noch längere Zeit in friedlicher Koexistenz:
> Verbrenner und E-Motor . . .

Eigentlich sollte man sich bei der Erfassung eines Automobils als erstes um den Motor kümmern. Er ist schließlich der Ausgangspunkt aller Bewegung. Aus dem ursprünglichen Dreikampf zwischen der Dampfmaschine, E-Motor und dem Verbrennungsmotor ist Anfang des vorigen Jahrhunderts schließlich letzterer als Sieger hervorgegangen.

Zurzeit taucht, hauptsächlich aus Umwelt- und Ressourcengründen, der Elektromotor als Konkurrent wieder auf und wird den Zweikampf letztlich wohl gewinnen. Gleichwohl scheint der Verbrennungsmotor zumindest als Teilhaber am Fahrzeugantrieb noch für längere Zeit eine Rolle zu spielen, denn seine Reichweite im Verhältnis zum Gewicht scheint elektrisch derzeit nicht annähernd erreichbar.

Abbildung 3

Alle Variationen überlebt haben Kolben und Zylinder eines Verbrennungsmotors, obwohl es Versuche gegeben hat, auch sie zu ersetzen. Aber der sehr komplizierte Bewegungen vollziehende Kreiskolbenmotor (Bild unten, Video ganz unten) in seinem einer stark zusammengezogenen '8' ähnelnden Zylinder hat zwar einen leisen und vibrationsarmen Lauf, aber auch viel Verbrauch und ungünstige Abgase produziert.

Abbildung 4

kfz-tech.de/PVe29

So ist also mindestens ein Kolben geblieben, der durch seine Pleuel-Verbindung zur Kurbelwelle bei deren Drehung eine hin- und hergehende Bewegung vollführt. Diese hat es nicht nur rauf und runter, sondern im Prinzip in allen Richtungen gegeben, sogar mit der Kurbelwelle oben und dem/den Kolben nach unten, z.B. als Flugzeugmotoren.

Übrigens hat sich nach gleichen Anfängen in der Nachkriegszeit eine andere Bauform des Verbrennungsmotors durchgesetzt, die Düse. Sie saugt vorne reine Luft an, verdichtet diese durch ein oder mehrere exakt geformte Flügelräder, erzeugt durch verbrennendes Kerosin (ähnlich Diesel) einen hohen Druck, der dann nach hinten ausgestoßen wird, wobei gleichzeitig die vorderen Räder angetrieben werden.

Für das Kraftfahrzeug hat sich dieser Motor wegen der Lautstärke, schlechten Regelbarkeit und vor allem dem hohen Verbrauch nicht bewährt. Fliegt man außerhalb der Atmosphäre, muss der Verbrennungsmotor neben dem flüssigen Wasserstoff als Treibstoff auch noch ebensolchen Sauerstoff mitnehmen.

Der eigentliche Kurbeltrieb hat also bisher alle Anfeindungen überstanden. Etwas unglücklich, dass er genau in dem Moment der durch den Elektromotor zu erliegen scheint, nachdem er alle Hürden bezüglich Haltbarkeit, Verbrauch und Abgasverhalten überwunden hat. Er bietet für jedes Problem eine Lösung, sogar für die Nutzung erneuerbarer Energie.

Bei der Dampfmaschine werden wegen derer äußeren Verbrennung die hohen Drücke unabhängig von Kolben und Zylinder erzeugt. Eigentlich geben sie hier nur noch ihre Kraft an den Kurbeltrieb weiter. Beim Kolbenmotor ist der ankommende Druck entweder bei Aufladung geringer, oder die Gase werden sogar angesaugt. Es ist auch kein Dampf, sondern entweder reine Luft oder diese gemischt mit Kraftstoff.

Abbildung 5

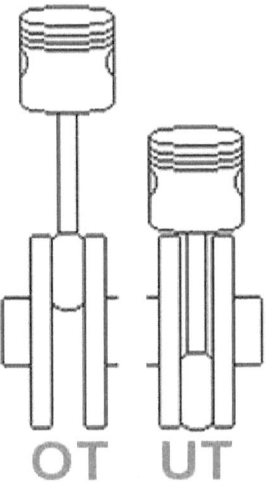

Während sich der Zylinderraum füllt, bewegt sich der Kolben vom oberen (OT) zum unteren Totpunkt (UT). Der Trägheit einer Gassäule folgend, schließt eine bestimmte Art von Ventil (Bild unten) die Zufuhr. Das sind immer noch Teller an einer Art Stange, die ihnen erlaubt, einen Luftkanal durch Hubbewegung zu öffnen oder zu schließen.

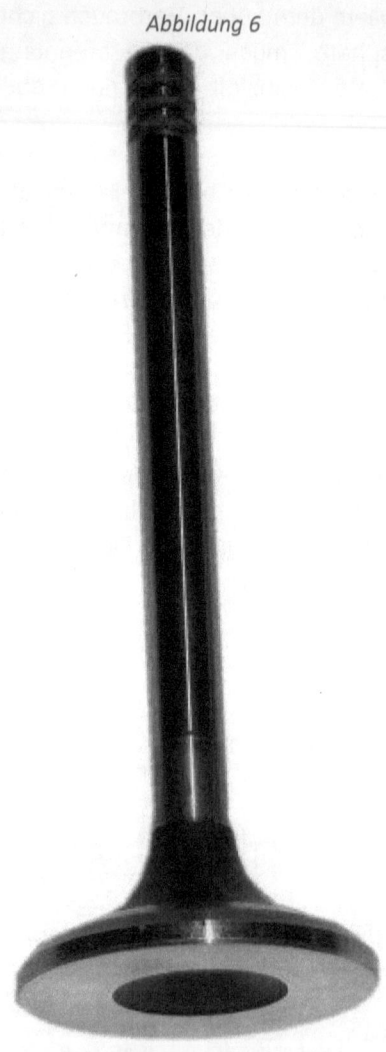

Abbildung 6

Dazu hat der Teller eine umlaufende, in einem bestimmten Winkel angelegte Dichtfläche, die beim Schließen exakt in einen als Gegenstück ausgebildeten Ring im Kanal passt. Im Zylinderraum aufkommender Druck unterstützt die

Auflage der Dichtflächen zusätzlich zu(r) ohnehin vorhandenen Feder(n). Man braucht mindestens je ein Ventil für den Ein- und den Auslasskanal.

Die exakt getaktete Öffnung der Ventile ist das, was man auch als Motorsteuerung bezeichnet, im Gegensatz zu den meist elektrischen bzw. elektronischen Regelungen, die man Motormanagement nennt. Sie wird, ebenfalls schon lange Zeit, von einer oder mehreren Nockenwellen durchgeführt. Man könnte einen Nocken ganz grob als Erhebung an einer sich drehenden Welle bezeichnen.

Im Prinzip gibt es drei mögliche Anordnungen von Nockenwelle und Ventil:

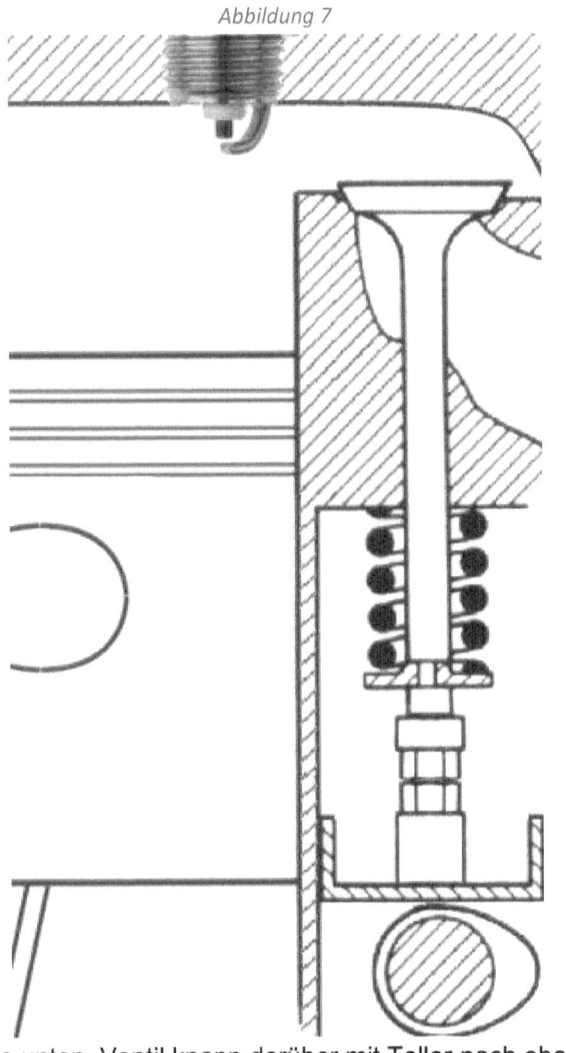

Abbildung 7

1. Nockenwelle unten, Ventil knapp darüber mit Teller nach oben,

Abbildung 8

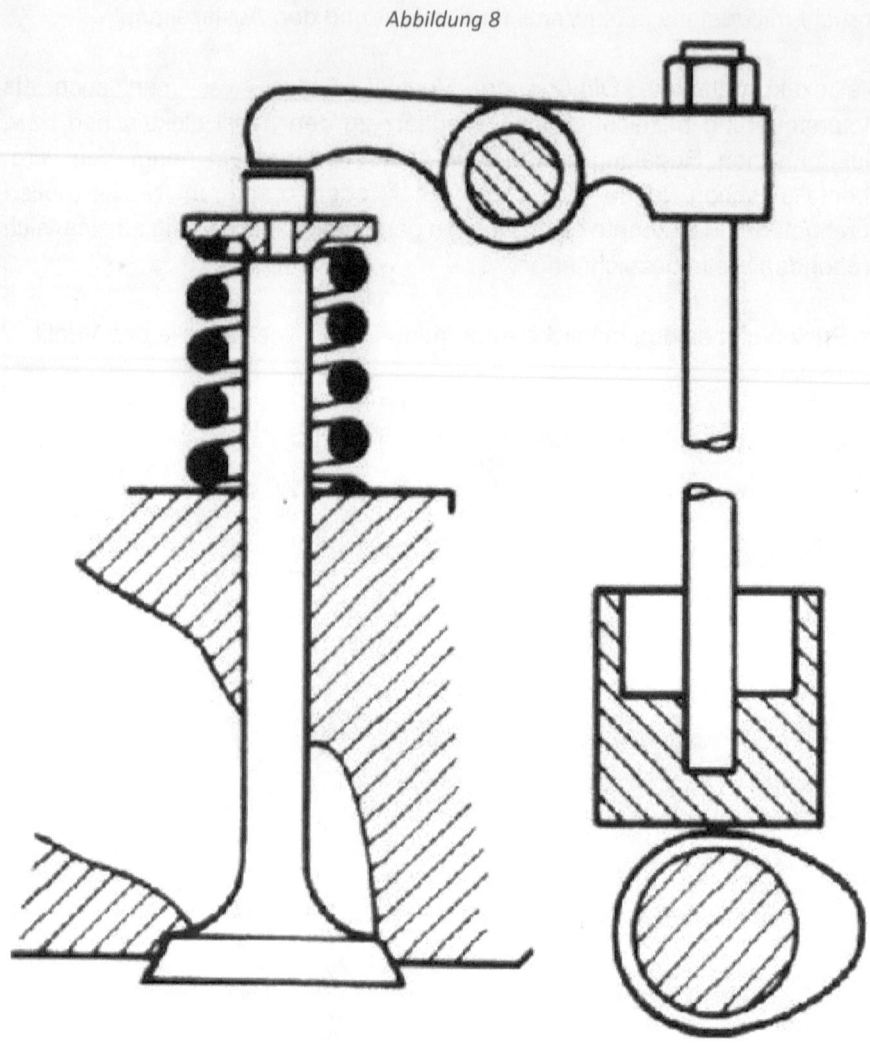

2. Nockenwelle unten, Ventil im Zylinderkopf mit Teller nach unten,

Abbildung 9

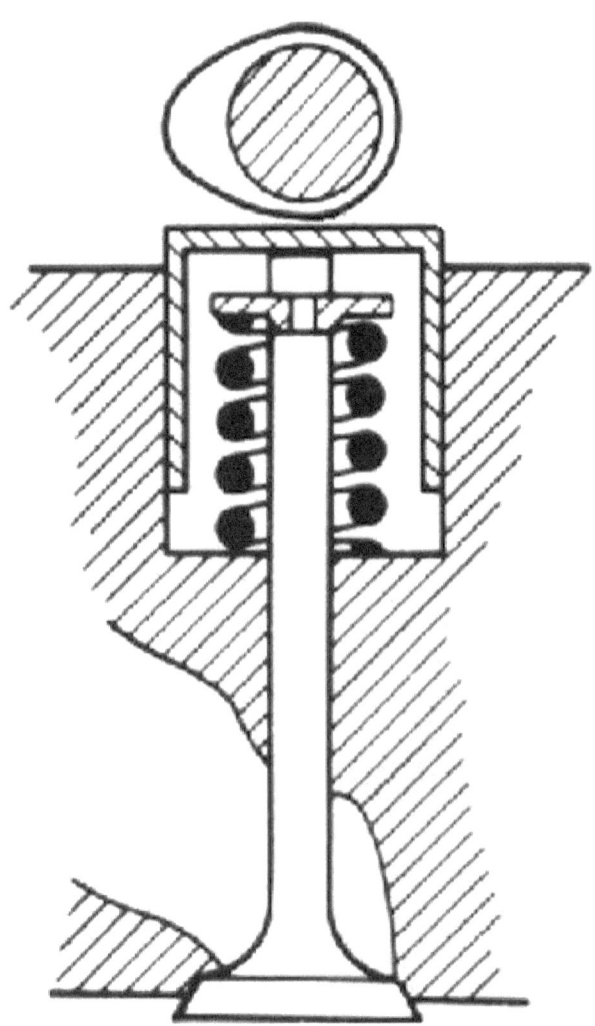

3. Nockenwelle oben, Ventil im Zylinderkopf mit Teller nach unten.

Es hat sogar zwei untenliegende Nockenwellen gegeben.

Im Fall 1 wurde das Ventil direkt betätigt. Das war im Fall 3 auch möglich, aber die Nockenwelle konnte auch neben dem jeweiligen Ventil angeordnet sein. Dann war, wie auch im Fall 2, eine mechanische Verbindung nötig. Zu der gehörte, z.B. im Fall 2, eine Stößelstange. Direkt am Ventil gab es dann entweder einen Kipphebel mit Drehpunkt in der Mitte, oder einen Schlepphebel mit einseitigem Drehpunkt.

In der zweiten Hälfte des vorigen Jahrhunderts verschwanden die letzten Anordnungen 1. Also hatte der ursprünglich nur als Deckel oder gar nicht abnehmbar ausgeführte Zylinderkopf ausgedient. Er wurde immer komplizierter und sehr wichtig für Tuning, aber auch für geringeren Verbrauch. Ursprünglich immer aus Grauguss, fertigte man ihn jetzt meist aus einer Aluminium-Legierung.

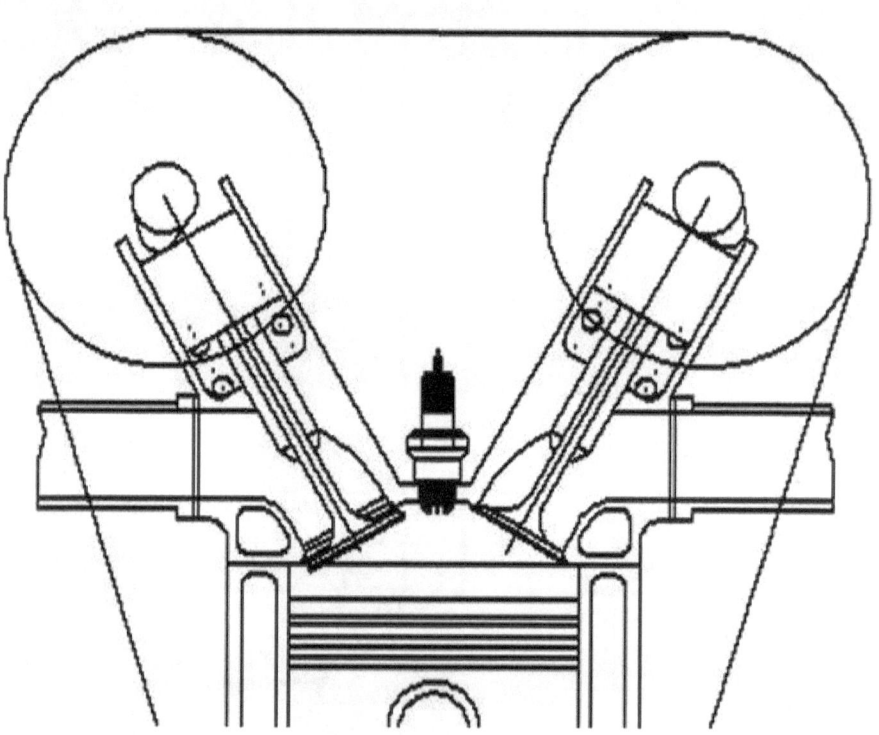

Abbildung 10

Schon früh hat es mehr als eine Nockenwelle (Bild oben) gegeben, später kamen auch mehr als ein Ein- oder Auslassventil hinzu. Bei drei der ersteren und zwei der letzteren stoppte dann die Entwicklung, wurde später durch ein für die Direkteinspritzung nötiges Einspritzventil auf 2 plus 2 zurückgestutzt. Die Anordnung wurde dann auch vom Dieselmotor sogar beim Lkw übernommen.

Wir waren bei einem Kolben in der Stellung kurz nach UT und einem geschlossenen Zylinderraum. Jetzt muss der Kurbeltrieb die Arbeit leisten, die er eine halbe Umdrehung (wir nennen die auch 'Takt') später umso mehr zurückbekommt, je stärker sie ist. Dazu ist aber auch Kraftstoff nötig. Der ist entweder schon enthalten, oder wird noch hinzugegeben.

Jahrzehnte lang wurde angesaugt, beim Benzinmotor durch einen sogenannten 'Vergaser', der dann aber keinen gas- sondern tröpfchenförmigen Kraftstoff hinzufügte. Ähnlich war es bei der fein zerstäubten Einspritzung, bevor das Gemisch in den Zylinderraum kam. Nur beim Dieselmotor wurde der Luft hinter dem Einlass exakt zur direkten Zündung Kraftstoff zugefügt.

Dem Dieselmotor fehlt die elektrische Zündung, obwohl es bei Mazda schon in Serie gebaute Benzinmotoren sogenannte 'Kompressionszündungen' geben soll, die dann eine Selbstzündung auslösen. Trotzdem braucht der Dieselmotor eine höhere Verdichtung, um auch bei kaltem Motor sicher zünden zu können. Diese ist mit ein Grund für seinen immer noch geringeren Kraftstoffverbrauch.

Dem Benziner kann eine zu hohe Kompression hingegen gefährlich werden, weil hier das, egal ob das durch direkte oder indirekte Einspritzung erzeugte Gemisch gefälligst auf den/die Funken der Zündkerze warten soll. Tut es das nicht, hat der Kolben auf seinem Weg nach OT schon mit Gegendruck zu kämpfen. Das gibt zu viel Wärme und mechanische Schäden.

Abbildung 11

kfz-tech.de/PVe47

Im dritten, dem sogenannten Arbeitstakt, soll dann nicht nur die gesamte, bisher nur hineingesteckte Arbeit wieder herauskommen, sondern unbedingt eine Menge mehr, denn sonst bleibt für den Vortrieb nichts übrig. Es gibt das Prinzip von Atkinson (Bild oben), dass die noch viel stärkere Ausnutzung des Arbeitsdrucks vorsieht. In der Praxis bleiben auch heute noch 3 bis 4 bar übrig, die zusammen mit dem wieder nach OT strebenden Kolben die Abgase hinaustreiben.

Abbildung 12

Nikolaus August Otto gilt als der Erfinder des Viertaktmotors

Damit wäre das Viertaktverfahren einigermaßen erklärt. Bei nur zwei Takten findet eine Überlagerung von Arbeiten und teilweisem Verdichten, sowie Ansaugen und Ausstoßen statt. Dies kann unter Zuhilfenahme des Raumes unterhalb des Kolbens oder durch Auflading geschehen. Entscheidend ist hierbei, dass bei jeder Umdrehung der Kurbelwelle ein Arbeitstakt verrichtet wird.

Der Zylinder kann es gar viele geben. Maximal 18 sind bekundet, wenn auch nur bei einem Versuchsmotor. Maximal 16 sind in Serie gegangen, wobei sich ansonsten nur die Anzahlen 1, 2, 3, 4, 5, 6, 8, 10 und 12. Aber Vorsicht, bei

Industrie- oder Schiffsmotoren sind auch die Zylinderzahlen dazwischen möglich.

Warum gibt es überhaupt mehr als einen Zylinder? Naja, man könnte sagen, wenn der eine ausfällt, dann hat man noch einen zweiten. Aber die Erfahrung lehrt, dass dieser z.B. bei einem mechanischen Fehler oder mangelnder Zündung nicht helfen kann. Eher ein Grund dürfte die etwas zu robuste Bewegungsart eines Kurbeltriebs sein, die durch zwei (teilweise) entgegengesetzt laufende etwas ausgeglichen wird.

Abbildung 13

kfz-tech.de/PVe30

Nicht so allerdings bei einem Zweizylinder-Viertaktmotor. Liegen beide nebeneinander, so können sie nur, gleichen Zündabstand vorausgesetzt, die absolut gleiche Bewegung vollführen. Im Motorradbereich versucht man, durch bewusst anderen Versatz und allerlei Tricks beim Motormanagement, dies auszugleichen.

Damit hat der sogenannte 'Boxermotor' keine Probleme. Dabei liegen sich die beiden Zylinder gegenüber und deren Kolben arbeiten wie zwei Boxer gegeneinander. Die beiden können auch ein 'V' bilden. Geht der Winkel aber über 15° hinaus, dann sind bei ihm, genau wie beim Boxermotor zwei Zylinderköpfe mit entsprechendem Nockenwellenaufwand nötig.

Abbildung 14

Sehr selten: Diesel als Boxermotor (Subaru)

kfz-tech.de/PVe31

Hat man mehr als einen Zylinder, dann lässt sich über die Anzahl der Hauptlager trefflich streiten. Hauptlager, das sind die der Kurbelwelle die Drehung erlaubenden. zusätzlichen Pleuellager, im Prinzip für jeden Kolben eines. Letztere können zwar auch zusammengelegt sein, aber hier geht es um die in der Mitte der Welle. Sie werden es nicht glauben, aber es hat Kurbelwellen für vier Zylinder mit nur zwei äußeren Hauptlagern gegeben.

Abbildung 15

1 Hauptlager
2 Pleuellager

Deutsche Untertitel möglich . . .

Abbildung 16

kfz-tech.de/YVe17

◻||| Anfänge

Abbildung 17

 kfz-tech.de/YVe32

1886 ist das Datum für das erste Benz-Kraftfahrzeug mit Verbrennungsmotor, der trotz herrschender Patentrechte ein Viertaktmotor ist. Viele Länder feiern zwar ihre eigenen Erfinder, aber das ist die Konstruktion, die es trotz vieler Schwächen bis zu einem marktfähigen Produkt geschafft hat.

Ja, mit Viertaktmotoren fahren wir immer noch. Und wenn man den Experten glauben darf, noch eine ganze Weile. Allerdings darf man nicht glauben, dieser Motor habe sich seit seiner Erfindung kaum verändert. Das Gegenteil ist der Fall. Jedoch sind diese Veränderungen am Motor bei weitem nicht so spektakulär wie die des Fahrzeugs.

Der Verbrennungsmotor wird als Konkurrent zur Dampfmaschine erfunden. Übrigens gibt es für deren Entwicklung wie beim Verbrennungsmotor mehr als einen Erfinder, in dem Fall, Newcomen und Watt. Aber sie ist im Prinzip bis heute schwer und unhandlich geblieben. Außerdem braucht sie eine gewisse Vorbereitungszeit. Man könnte mit ihr in einem Fahrzeug nicht direkt starten und losfahren.

Klein und leicht soll der Verbrennungsmotor für ein Fahrzeug sein. Die ersten Viertakter von Otto erfüllen diese Bedingung noch nicht. Erst Benz und Daimler schaffen einbaufertige Motoren, die auch z.B. für kleine und mittlere Betriebe als Antriebe für mehrere Maschinen gleichzeitig verwendet werden können.

Noch bevor also der Verbrennungsmotor ein Fahrzeug antreibt, hat er schon eine gewisse Tradition als Stationärmotor hinter sich. Auch Otto hat nicht alles selbst erfunden. Sein Viertaktmotor fußt auf den auch schon in die Praxis umgesetzten Konstruktionen des Franzosen Lenior, dem ersten Motor mit interner Verbrennung von 1860.

Abbildung 18

kfz-tech.de/YVe18

Lenoirs Motor hat noch keinen Verdichtungstakt. Den meldet ein anderer Franzose, Beau de Rochas, 1862 zum Patent an. Den schwierigen Weg, einem Motor die durch Verdichtung wesentlich stärkere Verbrennung zuzumuten, ist erst Otto zusammen mit seinem Partner Langen gegangen.

Das Patentrecht spielt schon in jenen Tagen eine große Rolle. So fertigt Benz vor seinem Engagement im Fahrzeugbau Motoren in Serie für kleine und mittlere Betriebe. Es sind allesamt Zweitakter, weil das Patent für den Viertakter noch existiert. Der Zweitakter wird erst 1879 ebenfalls und zwar für den Briten Clerk patentiert.

Auf das Problem der Patente werden wir noch zurückkommen müssen. Zum Verständnis erst einmal so viel: Otto muss seins später zurücknehmen, was den Weg für die Entwicklung seines Motors im Kraftfahrzeug sichert. Vielleicht führen wir sonst heute alle mit weiterentwickelten Zweitaktmotoren.

Jetzt haben wir schon Daimler erwähnt, aber Maybach noch nicht, der doch so viel für die Entwicklung von Fahrzeugmotoren der ersten Stunden getan hat. Auf ihn geht z.B. die Abschaffung der Verdampfungskühlung mit dem riesigen Wasserverbrauch zurück. Er hat sich auch um eine bessere Vermischung von Kraftstoff und Luft bemüht, um nur zwei seiner Errungenschaften zu nennen.

Bosch mit seiner Elektrowerkstatt ist noch wichtig, weil er der Entwicklung des schnelllaufenden Motors durch entscheidende Verbesserung der Zündung den entscheidenden Impuls gibt. Nach 1920 erwirbt seine inzwischen zum Großbetrieb gewordene Firma sich Meriten bei den Einspritzpumpen, womit erst der Dieselmotor zum Fahrzeugantrieb wird.

Der muss allerdings ab 1893 erst einmal erfunden werden. Vier Jahre dauert es, bis Diesel seinem Motor einen damals nicht für möglich gehaltenen Wirkungsgrad von über 26 Prozent abringen kann. Er macht sich zunächst als Stationärmotor, dann im Schiff und bei der Eisenbahn einen Namen.

Abbildung 19

 kfz-tech.de/YVe20

Abbildung 20

kfz-tech.de/YVe19

 **Voraussetzungen**

Abbildung 21

Keine Erfindung ist ohne Grundlagen möglich. Die meisten führen die Technik nur ein kleines Stück weiter. So ist der Verbrennungsmotor mit der Dampfmaschine artverwandt. Kolben, Pleuel, Kurbelwelle und Kreuzkopf (1) sind von daher schon bekannt. Eine Hin- und Herbewegung (Translation) in eine Drehbewegung (Rotation) zu übertragen, das Problem ist also schon gelöst.

Wer seit Mitte des Jahrhunderts Glocken gießen kann, für den stellt der Bau von Motorblöcken keine unüberwindliche Schwierigkeit dar, wenn auch zu Beginn nur für einen oder zwei Zylinder höchstens. Vierzylinder werden anfänglich aus zwei Zweizylindern zusammengesetzt. Schwieriger wird es bei Hohlräumen, aber die ersten Zylinderköpfe sind ja noch relativ einfach und die Motorsteuerung mit Anbauteilen realisiert.

Grauguss hat zum Glück gute Gleiteigenschaften. Allerdings ist die Abdichtung des Brennraums nicht ganz einfach. Immerhin gibt es ebenfalls seit Mitte des Jahrhunderts die Erfindung des federnden Kolbenrings

(Ramsbottome). Sie sehen schon, alles nicht ursprünglich für den Verbrennungsmotor gedacht, aber wohl später von ihm genutzt.

Wir haben noch nicht über das so wichtige Schmieden gesprochen, im Fahrzeugbau deshalb, weil Stabilität mit geringerem Gewicht verbindend. Wenn wir das Umformen von Metallen im kalten Zustand einmal als mehr neuzeitliche Technik ansehen, haben dagegen Schmiedefeuer und gezielte Hammerschläge Hunderte von Jahren Tradition.

Was haben die ersten Motoren eigentlich für Probleme? Es ist die Haltbarkeit, die Garantie des Startens und des Ankommens mit dem neuen Motor. Erst etwas später wird angesichts schon früh beginnender Renntätigkeit die Leistung der Motoren eine Rolle spielen. Wohl nicht ganz zufällig sind die ersten Vergleichsfahrten fast ausschließlich Tests für das Durchhaltevermögen.

Wobei z.B. die aufkommenden Luftreifen die Kontrahenten noch wesentlich häufiger im Stich lassen als die Motoren. Aber wenn man von mangelnder Haltbarkeit spricht, meint man in erster Linie die Zündung. Grundsätzlich gibt es da einerseits die mehr oder weniger offene Flamme, die über ein Glührohr mit dem Gemisch im Brennraum verbunden wird oder andererseits die elektrische Lösung des Entzündungsproblems.

Abbildung 22

kfz-tech.de/PVe33

Machen wir es kurz, letztere hat sich durchgesetzt. Denn eigentlich verschlimmbessern Daimler und Maybach die Flammzündung von Otto. Bei dem wird der Zugang der Flamme zum Gemisch noch durch eine Öffnung gesteuert, während Daimler das glühende Rohr ungesteuert auf das Gemisch loslässt, so als wenn ein Zündzeitpunkt für einen Benzin-Verbrennungsmotor nicht nötig wäre.

Gewiss, er weiß, was er tut. Die Glührohrzündung ist der Preis für die viel höhere Drehzahl des Motors. Benz hingegen baut in seinen Viertaktmotor die elektrische Summerzündung ein, allerdings ist dessen Drehzahl auch geringer. Wenn Sie ermessen wollen, was Bosch zunächst mit seiner Nieder- und dann mit seiner Hochspannungszündung erreicht hat, betrachten Sie die zahlreichen Umbauten, die damals an Fahrzeugmotoren nachträglich vorgenommen werden.

Irgendwie scheinen Zündung und Gemischbildung beim Benzinmotor benachbart zu sein. Nachdem erstere für eine sichere Entflammung sorgt, genießt letztere die Aufmerksamkeit der Entwickler. Wenn Sie einmal einen Vergaser (Bild unten) zu Ottos Zeiten anschauen, der seinen Namen verdient, dann hat der Dimensionen, die einem vollständigen Vierzylinder zwar nicht in der Form, aber im Volumen gleichkommen.

Abbildung 23

Da wird noch wirklich im Umlauf mit heißem Wasser vergast. Die später folgenden, um Dimensionen kleineren Geräte, tragen zwar noch den Namen, zerstäuben aber das Benzin. Maybach erfindet den sogenannten Spritzdüsenvergaser, bei dem mit Hilfe von Unterdruck ein durch eine veränderliche Düse kalibrierte Kraftstoffmenge angesaugt wird. Eine Schwimmerkammer mit eingeregeltem Niveau ist auch schon vorhanden.

Erstaunlich, was um die Jahrhundertwende schon alles vorhanden ist. Das betrifft auch das Kühlmittel, das damals seinen Namen Kühlwasser noch wirklich verdient. Teilweise wird es während einer längeren Fahrt aus Flüssen geholt, weshalb ein Eimer an Bord sehr hilfreich ist. Immerhin braucht ein Motor zehn Mal so viel Wasser wie Kraftstoff. Erst später kommt es zu einem Kreislauf, noch lange Zeit sogar ohne Pumpe (Wärmeumlauf) betrieben.

Dann werden die Rohre mit Wärmeleitblechen umgeben, um schließlich ganz in den sogenannten Bienenwabenkühler von Maybach aufzugehen. Dessen Besonderheit ist, dass nicht das Wasser in Rohren durch die Luft, sondern die Luft in sechseckigen Rohren durch das Wasser geführt wird. Erst jetzt kann der Leistungswettlauf beginnen, in den ersten zwei Jahrzehnten eher durch eine Explosion der Hubräume.

◻||| Jahrhundertwende

Abbildung 24

1900 Daimler Phoenix

kfz-tech.de/PVe34

So etwa ab der Jahrhundertwende gibt es eine oder sogar mehrere Neuorientierungen. Durch seine Haltbarkeit lässt der Verbrennungsmotor den elektrischen Kollegen langsam hinter sich. Dampf wird noch eine ganze Zeit lang einige wenige Fahrzeuge antreiben. Aber der Benziner mit seinem unerreicht großen Vorrat an Energie im Tank schafft sie am Ende alle, zumindest bis heute.

Das Erdöl ist die Voraussetzung dafür. Es wird zum Rohstoff des Jahrhunderts, bestimmt in sehr starkem Maße Politik und Kriege. Die Verteilung der Fahrzeugproduktion ändert sich. Deutschland hat das Auto zwar erfunden, profitiert aber bis in die dreißiger Jahre weniger davon. Die Franzosen übernehmen zunächst die Technik, modifizieren sie dann und werden in Europa führend in der Fertigung.

Auch Großbritannien beteiligt sich nach anfänglichen Schwierigkeiten durch gesetzgeberische Hürden mit der Einführung solcher Gefährte. Typisch bleibt hier aber eine verzweigtere Produktion im jeweils kleineren Maßstab. Es dauert mehr als 20 Jahre, bis man mit dem berühmten Austin Seven europaweit einen Treffer landet. Ein erstaunlich einfacher Weg zu einem immerhin kompletten Automobil.

Ähnliches gilt für die italienische Fahrzeugherstellung. Schon früh kann sich Mutter Fiat als auf sehr vielen Gebieten tätiger Riese etablieren, der später die vom mediterranen Geschäftssinn geprägten Unternehmensgründungen vielfach einsammelt bzw. von Staats wegen einsammeln muss. Der Topolino besticht Europa gut 10 Jahre nach dem Austin Seven.

Natürlich nicht zu vergessen die USA, mit allerdings kurz nach der Jahrhundertwende noch unentwickeltem Straßennetz. Es wird zunächst nur langsam wachsen, mit diesem die Fahrzeugproduktion, allerdings wesentlich rascher. Natürlich muss hier Henry Ford erwähnt werden mit seinem T-Modell von 1908 und der Einführung der Fließfertigung ab 1913. Den Motoren- bzw. Fahrzeugbau hat aber vermutlich General Motors mit der Einführung spezieller Labore ab 1911 noch stärker beeinflusst.

Wie schon gesagt, die Dampfmaschine erweist sich teilweise noch als härterer Gegner als der E-Antrieb. Sie liefert das fehlende Drehmoment des Benzinmotors gerade da, wo es am meisten nötig wird, im unteren Drehzahlbereich. Sie braucht keine ruckelnde Kupplung bzw. aufwändigen Drehmomentwandler zum Anfahren. Und sie arbeitet leiser als ein vielleicht ratternder Einzylinder.

Aber der Wirkungsgrad. Vermutlich ist der deshalb vom Prinzip her beim Verbrennungsmotor günstiger, weil hier alles in einem Raum stattfindet, dem Brennraum. Es verpufft also nicht irgendwo außerhalb die teuer erzeugte Wärme. Der größte Gewinn des Verbrennungsmotors ist die Konzentration seiner Druckerzeugung, der größte Nachteil der daraus resultierende, recht umständlich anmutende Kurbeltrieb.

Und wie wollen Sie mit einer Dampfmaschine ein Flugzeug betreiben? Denn neben den Autorennen mit Hubräumen bis über 20 Liter treibt den Motorenbau die Fliegerei an. Natürlich steht dahinter das Militär und der Krieg entpuppt sich einmal mehr als grausamer Antreiber von Technik. Hauptsächlich wenn aufgerüstet wird, sind Staaten bereit, mit vergleichsweise großen Summen die Entwicklung zu fördern.

Nehmen Sie nur Porsche, der nach seinem Debut mit Elektro- und Hybridfahrzeugen erhebliche Erfinderleistungen für das österreichisch-ungarische Militär erbringt. Der Flugzeugmotor bringt die Motorenentwicklung in die richtige Spur. Nicht Höchstleistung um jeden Preis, sondern Effizienz ist gefragt, Leistung kombiniert mit niedrigem Gewicht und großer Verlässlichkeit.

Später kommt noch das Regelverhalten zur Erreichung größerer Höhen hinzu. Wussten Sie, dass unsere ganze Benzin-Einspritztechnik nicht nur auf Dieseltechnik, sondern auch auf Anforderungen aus dem Flugzeugbau basiert? Bosch hat also mit seinen Einspritzpumpen nicht nur Lastwagen und Taxen, sondern auch große Flugzeugmotoren beflügelt.

▢▮▮▮ Werkstätten

Abbildung 25

kfz-tech.de/PVe40

Bei alledem sollten wir die Entwicklung der Werkstätten nicht vergessen. Da ist zunächst die Schmiede. Im Gegensatz zu heute ist das weniger ein Dienstleistungs- als ein Herstellerbetrieb, wie es eigentlich dem Handwerk seit seinen Anfängen im Mittelalter eigen ist. Natürlich bedeutet Fertigung auch Reparatur, aber weniger im heutigen Sinne als Austausch von Teilen.

Man macht sich auch zu wenig klar, wie wichtig Normung für die Fertigung von Teilen zur Fahrzeugherstellung ist. Wussten Sie, dass Schrauben erst seit Mitte des vorigen Jahrhunderts international genormt sind? Auch wird die Bedeutung von Zulieferern noch immer unterschätzt. Das ist natürlich auch im Sinne von Herstellern, die ihr Produkt gerne z.B. mit einem 'Made in Germany' komplett einem Land zuordnen möchten.

So bleiben Werkstätten also noch eine ganze Zeit lang Fertigungsstätten. Handelt es sich nicht gerade um den Dorfschmied, dann gehört wie selbstverständlich eine Drehbank dazu. Heute werden allenfalls noch Bremstrommeln ausgedreht und das nur in Lkw-Werkstätten. Zur Werkstatt in den zwanziger und dreißiger Jahren gehört z.B. das Gießen von Lagerschalen mit anschließendem Ausschaben und Anpassen durch das Tragbild dazu.

Heutige Motoren würden solche Tätigkeiten gar nicht mehr zulassen. Doch zurück zu den Anfängen, wo wir nach den Problemen bei der Zündung, Gemischbildung und Kühlung uns noch um die Schmierung kümmern müssen. Haben Sie sich z.B. Museumsstücke schon einmal daraufhin angesehen, auf die kleinen Gläschen an jeder Schmierstelle geachtet?

Ja, das sind die Anfänge der sogenannten Verlustschmierung, was nichts anderes heißt, als dass Öl auf die Straße tropft. Etwas später wird es noch rabiater, als man Leitungen zu einem größeren Reservoir zieht und um von hier aus in regelmäßigen Abständen per Pumpe Öl zu den einzelnen Schmierstellen zu befördern. Übrigens hat noch der Mercedes 300 von 1951 Zentralschmierung, allerdings nur für das Fahrwerk.

Abbildung 26

kfz-tech.de/PVe41

Erst langsam entwickelt sich die Möglichkeit, Öl durch eine Wanne aufzufangen und mit einer vom Motor angetriebenen Pumpe wieder den Schmierstellen zuzuführen. Übrigens hat hier noch lange das Prinzip der Tauchschmierung vorgeherrscht, bei dem aufgewirbeltes Öl sich als Dunst von Tröpfchen quasi von selbst wieder zu den Schmierstellen begibt. Der schon erwähnte Austin Seven ab 1922 hatte so etwas teilweise noch im Motor-Schmiersystem.

▢▮▮ Entwicklung

Abbildung 27

kfz-tech.de/PVe37

Die Verbrennungsmotoren entwickeln sich in beinahe alle Richtungen. Schon kurz nach seiner Erfindung gibt es ihn als V-Motor (Bild oben: Daimler/Maybach 1886) und Boxermotor (Benz 1899 - Bild oben). Ansonsten wächst er in der Reihe, aber zunächst nur in der Parallelität von Zweizylindern.

Auf Stern-, Umlauf- und mehrwellige Motoren ist noch zu warten.
Noch für längere Zeit wird es den als zusammengegossene Einheit von Zylinderkopf mit dem Motorblock geben. Das erspart Dichtigkeitsprobleme

und ist angesichts der vereinfachten Ventilsteuerung auch wesentlich unproblematischer als es heute wäre. Die Ventile sind seitlich z.T. sogar mitsamt den sie umgebenden Raum anschraubbar angeordnet.

Bei den ersten Motoren öffnet das Einlassventil wegen des vom Kolben erzeugten Unterdrucks als Rückschlagventil quasi von selbst, während das Auslassventil schon gesteuert ist. Letzteres zeigt mit seinem Schaft dann auch in Richtung Nocken, wobei eine Nockenwelle auch durch eine drehende Scheibe mit entsprechend eingearbeiteten Steuernuten ersetzt sein kann.

Man könnte diese auch als erste desmodromische Ventilsteuerung bezeichnen. Immerhin gibt es bei dieser keine Ventilfeder, denn die Ventile kehren durch Mechanik auf ihren Sitz zurück. Also kann auch keine Feder brechen, was bei den ersten Motoren häufiger vorkommt. Und ist nur ein Zylinder vorhanden, wird das mit der Heimfahrt schwierig. Immerhin führt eine kaputte Ventilfeder bei diesen Konstruktionen nicht zur Zerstörung des ganzen Motors.

Als hilfreich für die Entwicklung wird die ab 1907 verfügbare Schiebersteuerung von Knight angesehen. Hierbei besteht der Zylinder aus zwei ineinander angeordneten Laufbuchsen, von denen sich jede durch eine zusätzliche Exzenterwelle auf und ab bewegen lässt. Es gibt also keine Ventile, weil durch die Bewegung der beiden Buchsen zum jeweils richtigen Zeitpunkt die Öffnungen in den beiden Buchsen die Wege von Frisch- und Abgas entsprechend freigeben.

Abbildung 28

Die Entwicklung ist der beim Wankelmotor vergleichbar. Eine bestechend plausible Konstruktion begeistert zunächst die Entwickler, z.B. die von Mercedes 1913 (Bild oben). Das Prinzip wird mit großem Aufwand serienreif. Dann folgt die Ernüchterung, weil die Schmierung der zweifellos leise laufenden Buchsen nicht ganz einfach ist. Zusätzlich mangelt es an Drehzahl und damit an Leistung und es gibt Probleme mit der Kühlung durch zwei bewegliche Buchsen hindurch.

Wir sind auf den Spuren von Charles Yale Knight in USA gelandet. Während Europa sich auf den Ersten Weltkrieg vorbereitet, gewinnt hier das Auto als Freizeitmobil eine zusätzliche Bedeutung. Charles Kettering, der später maßgeblich in den GM-Laboratorien arbeitet, hat hier schon eine seiner insgesamt ca. 300 Erfindungen gemacht: den elektrischen Anlasser, den später sogar das T-Modell (Bild unten ohne Kurbel) erhält. In Europa wird es noch lange Armbrüche wegen zurückschlagender Drehkurbeln geben.

Abbildung 29

Sowohl der Rennsport als auch die Entwicklung der Flugzeuge geben in Europa kräftige Impulse. Noch heute glauben einige Kfz-Begeisterte, dass bis ca. 1920 fast alles Mechanische erfunden worden ist, später nur noch Elektronisches hinzugekommen sei. Das stimmt, z.B. bezogen auf die Einspritzung, so natürlich nicht, aber wie so oft, ist etwas Wahres schon dran.

Abbildung 30

kfz-tech.de/PVe38

Denn es gibt schon längst die fortschrittlichsten Ventilsteuerungen bis hinauf zu kettengetriebenen doppelten obenliegenden Nockenwellen. Der DB-Flugmotor im Bild oben hat sogar links eine Königswelle. Die mehr als doppelt bzw. dreifach mit Hauptlagern versehene Kurbelwelle ist selbstverständlich und schon Kolben aus Leichtmetall gibt es. Sie werden nur, z.B. wegen Problemen mit der Wärmeausdehnung, zu wenig verwendet. Auch Pleuellager mit mehr als einer Metallschicht sind um die Zeit erfunden.

◻◻||| Zwischenkriegszeit

Abbildung 31

Obwohl es Europa nach dem Ende des Ersten Weltkriegs denkbar schlecht geht, erweist sich das Datum 1920/21 als für die Motorentechnik günstig. Es wird ein Zusatz erfunden, der uns später noch ziemlich viel Mühe machen wird. Gemeint ist Bleitetraethyl, für die Entwicklung des Benzins eminent wichtig. Es verhindert klopfende Verbrennung und stellt den Beginn einer Entwicklung dar, die Oktanzahl und Verdichtungsverhältnis im Laufe der Jahrzehnte größere Höhen erreichen lässt.

Lohn ist die im Prinzip mögliche Wahl des/der Fahrers/in zwischen höherer Leistung oder geringerem Verbrauch. Es gibt also schrittweise klopffestere Treibstoffe und bei einigermaßen flächendeckender Versorgung höhere Verdichtungen. Das geht langsam, aber die Motorleistungen profitieren davon, diesmal noch mehr durch Drehzahl bedingt als vorher durch Hubraum.

Der Glaube der Automobilindustrie an mehr Verkauf durch Rennerfolge ist in Europa zumindest ungebrochen. Bei fast jedem Hersteller finden sich zumindest in den Analen Hinweise auf Beteiligung an Rennsport, teilweise sogar noch vor dem Verkauf von Serienfahrzeugen. Das fängt schon vor der Jahrhundertwende an, als von reichen Leuten Fahrzeuge für Wettbewerbe gekauft werden.

Es ist dies auch das Jahrzehnt großer französischer (Bugatti, Delage usw.) und italienischer (Alfa, Maserati) Marken, während nach 1932 die Deutschen (Mercedes, Auto Union) auftrumpfen, bedingt durch hemmungsloses Sponsoring durch die Nazis. Autorennen werden zu Massenereignissen, von der Flächenverteilung unter freiem Himmel mit kaum einem heutigen Ereignis vergleichbar.

Für die meisten Leute mit wenig Einkommen bleibt noch nicht einmal auch nur ein Auto. In der Inflation bis 1923 ist mancher froh, genug zu essen zu haben. Noch zur Wirtschaftswunderzeit nach 1950 erhält der 10.000ste portugiesische Gastarbeiter ein Moped. So nimmt es nicht Wunder, wenn schon viel früher selbst für die Mittelschicht Kleinwagen entwickelt werden. Angestoßen wird die Entwicklung schon 1911 ausgerechnet von Ettore Bugatti, dem Produzenten der teuersten Autos überhaupt.

Abbildung 32

Der gibt dann auch prompt das Projekt des Typs 19 von 1911 (Bild ganz oben) an Peugeot ab, die daraus 1913 den Bebe machen. Porsche befasst sich bei Austro-Daimler mit dem Sascha-Wagen (1922 - Bild oben). Richtig in Schwung kommt das Projekt Kleinwagen erst durch DKW, dem größten Motorrad-Produzenten der Welt in dieser Zeit.

Abbildung 33

Elektrowagen: Slaby-Beringer ab 1919 (Vorläufer DKW)

kfz-tech.de/PVe48

Womit wir beim Zweitaktmotor wären. Der heißt so, weil er für ein komplettes Arbeitsspiel mit Ansaugen, Verdichten, Arbeiten und Ausstoßen nur zwei Takte (= eine Umdrehung der Kurbelwelle) braucht. In den gasdichten Raum des Kurbelgehäuses wird durch den nach OT strebenden Kolben angesaugt, während im Brennraum verdichtet wird. Geht der Kolben dann nach UT, verbrennt das verdichtete Gemisch und wird anschließend durch die Frischgase verdrängt.

Abbildung 34

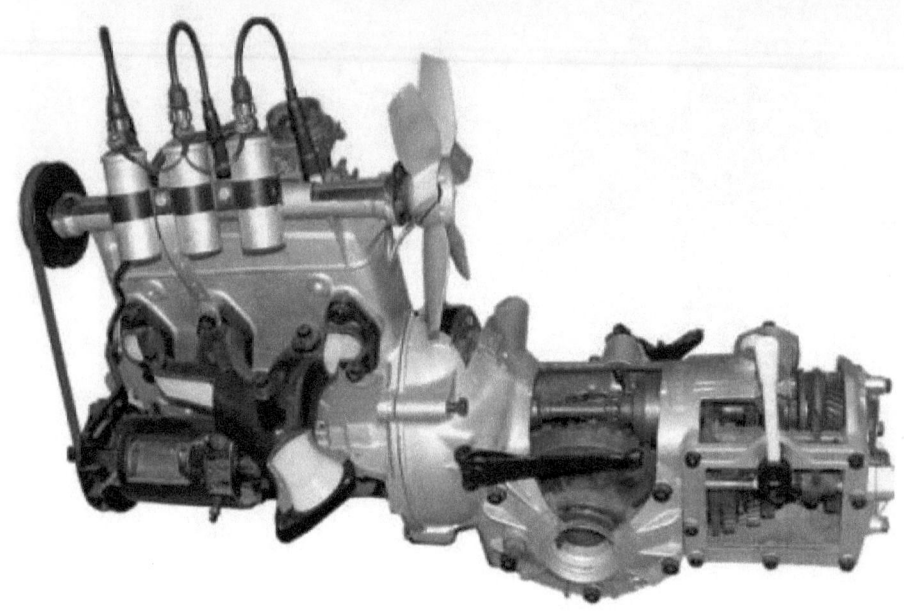

kfz-tech.de/PVe39

Der Zweitakter (Bild oben) wird sich lange halten und mit in der Regel bis zu drei Zylindern auch in vierrädrige Fahrzeuge eingebaut werden. Er bleibt aber ein Erzeuger von Abgasen mit Ölanteilen. Dafür ist er einsam kostengünstig herstellbar. Bei zwei Zylindern in Reihe kommt er mit 5 beweglichen Teilen aus und hat auch noch einigermaßen ausgewogenen Massenausgleich.

Es gibt aber auch Irrwege, nicht zuletzt in USA. Ausgerechnet der begabte Kettering experimentiert dann plötzlich mit Kupfer, der als Motor-Werkstoff zwar keine Gewichtsersparnis, aber einen glänzenden Wärmeübergang verspricht. Dazu passt natürlich Luftkühlung. Um es kurz zu machen, die Probleme der Regelung mit der Gefahr von zu kaltem oder gar zu heißem Motor kriegt man nicht in den Griff.

▯▯▮▮ Rekorde

Abbildung 35

kfz-tech.de/PVe43

Kommen wir zu etwas Erfreulicherem. Schon gegen Ende des Ersten Weltkrieges hat BMW einen Flugmotor (Bild oben) entwickelt, der große Höhen erreichen kann. Er lässt die Flugzeuge deutlich mehr und schneller steigen als alle anderen und verschafft Piloten für den Luftkampf blendende Aussichten. Nein, er hat noch keine Benzineinspritzung, sondern einen sogenannten Höhenvergaser. Der ist, anders als seine Artgenossen, auf stark unterschiedliche Luftdichte bedingt einstellbar.

Zweiflügeliges Roots-Gebläse . . .

Abbildung 36

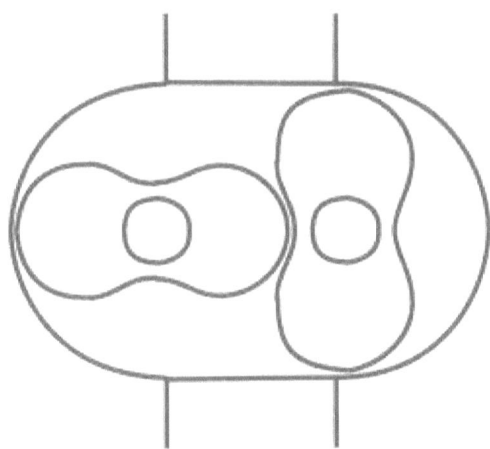

Man kann sich vorstellen, dass das Interesse an solchen und möglicherweise noch leistungsfähigeren Flugzeugmotoren enorm ist. Was liegt da näher, als ihm eine Art zweiten Motor mitzugeben, die Leistung z.T. fast verdoppelnd aber nicht sein Gewicht. Gemeint ist der Kompressor, den es hauptsächlich als Roots-Gebläse und als Turbo-Verdichter auch für Kraftfahrzeugmotoren gibt.

Trotz der schlechten Zeiten im und nach dem Ersten Weltkrieg und der größten Wirtschaftskrise des Jahrhunderts 1929/30 gibt es bis zum Zweiten Weltkrieg 60 Firmen in Europa und USA, die Fahrzeuge mit mehr als 6 Zylindern herstellen. Ein wenig zeigt sich auch in dieser Aufstellung die nötige Konzentration auf dem Automarkt.

Vor allem scheinen Zulieferer nötig, die Produktion von Fahrzeugen anzukurbeln. Mitte der zwanziger Jahre werden in Deutschland die Zollschranken aufgehoben. Die Autoindustrie kommt unter den Druck des Auslands. Mit den aus USA importierten Fahrzeugen kann man bei der Konstruktion, der Ausführung und dem Preis kaum mithalten.

Opel kriecht noch gerade rechtzeitig unter das Dach von General Motors, Daimler und Benz fusionieren, aus DKW, Audi, Horch und Wanderer entsteht durch Druck der sächsischen Staatsbank, der die Auto Union, die damit faktisch zum Staatsbetrieb wird. In Europa und speziell Deutschland geht es sehr mühsam voran. Der Autoindustrie scheint die Machtergreifung der Nationalsozialisten gerade zur rechten Zeit zu kommen.

Durch Abschaffung der Kfz-Steuer und die enorme Subventionierung des Renngeschehens wird die Autoindustrie angekurbelt. Mercedes z.B. verdoppelt seine Produktion, Auto Union versechsfacht seine Mitarbeiterzahl. Ford benutzt auffallend viele deutsche Namen für seine Modelle. Ist das schon der Beginn der Massenmotorisierung, die in USA längst im Gange ist?

Abbildung 37

kfz-tech.de/PVe44

Motortechnisch ist das allerdings eine interessante Zeit. Nicht nur die Mittelmotor-Lage z.B. des Motors im Auto Union Typ C ist revolutionär, auch die Zylinderzahl 16 ist es. Mercedes hält mit durchaus konkurrenzfähigen 8 Zylindern vorn gegen. Die Leistungen gehen durch Spezialsprit und steigende Kompressor-Aufladung durch die Decke, wie Geschwindigkeitsrekorde bis deutlich über 400 km/h beweisen.

Aber die Fahrzeuge werden deutlich mehr im Alltag benutzt. Sie durchfahren z.T. sogar den Winter, was spezielle Anforderungen an Motoröl und Kühlmittel stellt. Letztere erhalten Zusätze und Lätzchen vor dem Kühler.

Bis weit in die zweite Hälfte des Jahrhunderts wird man sich an regelmäßige Ölwechsel im Frühjahr und im Herbst gewöhnen müssen. Noch immer spielt übrigens der Dieselmotor auch beim Lkw keine besondere Rolle. Es wird für Fahrzeuge mit dem Treibstoff sogar im und nach dem Zweiten Weltkrieg noch ärger werden, weil man aus Treibstoffknappheit auf schwere Holzgasgeneratoren (Bild unten) umsteigen muss.

Abbildung 38

kfz-tech.de/PVe45

◻▮▮▮ Diesel im Pkw

Abbildung 39

kfz-tech.de/PVe50

Der Dieselmotor hat es nicht leicht. Er ist noch ohne Aufladung, immerhin bei MAN schon mit Direkteinspritzung versehen. Von der Lufteinblasung des Kraftstoffs, wie sie noch zu Rudolf Diesels Zeiten üblich war, ist man längst weg. Bosch hat Mitte der Zwanziger die Einspritzpumpe auf den Markt gebracht, ein Wunderwerk an damals möglicher Präzision. Der Dieselmotor entwickelt sich trotzdem nur langsam.

1936 kommt er als Pkw-Motor (Bild oben), aber eigentlich mit seinen rauen und wenig leistungsbezogenen Eigenschaften nur als Taxi brauchbar, weil immerhin sparsam angesichts einer großen Karosserie. MAN wirbt 1932 mit dem stärksten Diesel-Lkw der Welt mit 110 kW (150 PS). Er ist kein Erfolg, dafür aber langsam steigend seine kleineren Geschwister.

Bedingt auch durch die nationalsozialistische Regierung herrscht in Deutschland eine Aufbruchstimmung. Man wähnt das Auto für alle kurz vor dem Durchbruch. Schon seit 1923 gibt es den Autobahnbau, übrigens für die Fahrzeugmotoren eine Belastung, auch wenn nicht Dauervollgas von ihnen verlangt wird. Die neuen Straßen beleben die Konstruktion von Schnellbussen, der Alternative zum großen Kfz-Boom.

In USA entstehen schon relativ früh einzelne große Verbindungen. Der von Roosevelt energisch vorgetriebene Highway-Ausbau beginnt aber erst Anfang der Dreißiger, hauptsächlich um die Arbeitslosigkeit zu bekämpfen. Später gibt es dann noch einmal einen Schub ab 1950. Das sind dann Interstates, wirklich kreuzungsfrei und mit Autobahnen vergleichbar.

Dazwischen der Zweite Weltkrieg mit seinen Beschränkungen im Fahrzeug- und Motorenbau. Einheitliche Konstruktionen werden erzwungen. Es herrscht kein Wettbewerb und die daraus entstehenden Fahrzeuge werden mangels Rohstoffen immer primitiver. Es ist wieder eine Zeit, in der Amerika sich gegenüber Europa deutlich weiter entwickeln kann.

Höchstens im Verborgenen kann an neuen Projekten gearbeitet werden. Aber die Fabriken sind heftigst zerstört, es ist kaum Geld für Neuentwicklungen vorhanden. Man beginnt mit Vorkriegsmodellen, auch motortechnisch. Da gibt es immer noch seitengesteuerte Motoren mit glattem, einfachem Zylinderkopf, wenig Leistung auch angesichts zurückfallender Oktanzahlen.

Als ein Visionär der besonderen Art stellt sich Ferrari heraus. Er beauftragt mitten in der schlechtesten Zeit direkt nach dem Krieg den Konstrukteur Colombo mit der Konzeption eines Zwölfzylinders, der die Reputation der Marke nicht nur entfalten, sondern über Jahrzehnte hinaus sichern wird.

Insgesamt entwickeln sich die Motoren nach dem Krieg etwas schneller als die Fahrwerke. Irgendwann nach 1950 verschwindet auch der letzte SV-Motor. Auf breiter Front bleibt die einzige Nockenwelle zwar unten, aber die Ventile sind hängend im Zylinderkopf untergebracht. In sehr häufigen Inspektionen werden nicht nur sie regelmäßig nachgestellt.

Die wenigen Hersteller von Motoren mit obenliegender Nockenwelle erregen erst ein Jahrzehnt später die Aufmerksamkeit von mehr als nur einzelnen leistungsbewussten Zeitgenossen. Der Rest der Verbraucher bringt solchen Konstruktionen Misstrauen entgegen. Nur von der Oberklasse her kann diese Skepsis langsam aufgeweicht werden.

▢▮▮▮ Direkteinspritzung 1

Abbildung 40

Bosch P-Pumpe für Sechszylinder-Direkteinspritzer

kfz-tech.de/PVe49

Eigentlich ist das eine Zeit der Erneuerung. Man sollte verschiedenste Konstruktionen erwarten dürfen. Doch neben wichtigen Änderungen hin zur selbsttragenden Pontonkarosserie wird der Motorenbau eher vertikal erweitert. Nicht zu vergessen die vom Zweitaktmotor übernommene Direkteinspritzung, wichtig für den 300 SL und den Rennruhm von Mercedes nach dem Krieg.

Nach dem Motorrad- grassiert der Kleinwagen-Boom. Nie war der Unterschied zu USA größer, wo sich nach dem Reihen-Sechser der langsam aufkommende V8 (bei Ford direkt von R4 auf V8) mit Zwei- bzw. Dreigang-Automatik durchsetzt. In Europa leistet man sich Viertakter meist mit Vier- und Zweitakter mit zwei oder drei kleinen Zylindern und drei oder vier, von Hand zu schaltenden Gängen. In Amerika hingegen ufern Karosserien bis fast zur doppelten Länge europäischer aus.

Alle Abweichungen vom Standard werden auch und nicht zuletzt unter Kostenbewusstsein misstrauisch beäugt. Es gibt jahrelang kaum Fortschritt. Dabei sind genug Entwicklungsmöglichkeiten vorhanden. So werden schon Gasturbinen im Kraftfahrzeug ausprobiert und Benzineinspritzung sogar direkt in den Brennraum. Bei Mercedes verwendet man diese allerdings nur im Sportwagen-Bereich, bietet selbst die Saugrohreinspritzung nur in Spitzenmodellen als SE-Version an.

Nachdem also Mercedes die Direkteinspritzung 1963 mit dem Produktionsende des 300 SL verlassen hat, wird sich auf diesem Feld über Jahrzehnte hinweg nichts tun. Beim Lkw-Dieselmotor gibt es schon seit den 40er Jahren das Mittenkugel-Verfahren von MAN mit einem kugelförmigen Brennraum mitten im Kolben, von dessen Wandung der Kraftstoff Schicht für Schicht abbrennt.

Aber z.B. bei Mercedes bleibt es für längere Zeit bei der 1923 eingeführten Vorkammer. Auf der Suche nach einem geringeren Kraftstoffverbrauch bringt man 1964 zwei neue Reihen-Sechszylinder, deren Ruf in Bezug auf Haltbarkeit allerdings anfangs nicht der beste ist. Man wird es erst allmählich in den Griff kriegen.

Neben 15 Prozent weniger Verbrauch hier noch ein Vorteil des Direkteinspritzers, er kommt bis -15°C ohne Starthilfe aus. Auch verspricht man weniger Rauchentwicklung. Der Größe der beiden Motoren hat übrigens schon ein Layout, das später typisch sein wird für Direkteinspritzer, nämlich die vier Ventile mit der Düse in der Mitte, übrigens hier auch schon mit einzelnen Zylinderköpfen.

◻▯|‖ Wankelmotor

Abbildung 41

Wankelmotor im Ro 80 ab 1969

kfz-tech.de/PVe51

Ab 1960 verspricht Felix Wankel mit seiner faszinierenden Kinematik ein Ende des auf- und ab stampfenden Kolbens. Ein Drehkolben muss nicht mehr auf

0 km/h abgebremst und anschließend auf 80 km/h beschleunigt werden. Und außer der Exzenterwelle gibt es nur ein bewegliches Teil pro Kammer.

Auf diese Erfindung stürzt sich die zu der Zeit an Entwicklungen arme Kfz-Industrie. Fast alle Hersteller nehmen Lizenzen, bauen Prototypen und sind berauscht von der relativ kompakten Bauweise und dem leisen Lauf. Statt Zylinder, in denen sich Kolben linear bewegen, hat der Wankelmotor eine oder mehrere Kammern.

Abbildung 42

kfz-tech.de/PVe52

In denen ist ein dreieckiger Kolben mit leicht nach außen gebogenen Seiten auf einem exzentrischen Teil einer Welle gelagert, aber gleichzeitig durch eine Verzahnung mit einem feststehenden Rad verbunden. Er dreht also nicht einfach nur mit der Welle, sondern die Verzahnung fordert von ihm eine gewisse Rückwärtsbewegung. So kommt es, dass er nur eine Umdrehung bei deren drei seiner Welle macht.

Die Umdrehungen haben den Zweck, Luft-Kraftstoff-Gemisch durch den rechten oberen Schlitz anzusaugen, zu verdichten und nach der Verbrennung durch den rechten unteren Schlitz wieder auszustoßen, einmal bei jeder Drittel Drehung des Kolbens, also jeder vollen Umdrehung der Exzenterwelle. Er wird deshalb auch eher zu den Zwei- als den Viertaktern gezählt. Eine geniale Mechanik, bei der es für den Kolben keine Umkehrpunkte gibt.

Leider ist die Schmierung und Abdichtung des Kolbens in seinem Gehäuse schwierig. Jedoch konnte dieses Problem viel später von der Fa. Mazda hinreichend gut gelöst werden. Noch bei NSU hatte man versucht, dem länglichen Brennraum mit zwei Zündkerzen beizukommen. Beweis für die Leistungsfähigkeit des Motors ist ein Sieg bei den 24 Stunden von Le Mans. Jedoch treffen den Motor viel zu früh die Abgasgesetze.

Die ungünstigen Abgase und der hohe Kraftstoffverbrauch werden auf die äußerst ungünstige Brennraumform zurückgeführt. Hätte jedoch der auch 'Drehkolbenmotor' oder 'Kreiskolbenmotor' Genannte eine so lange Entwicklung wie der Hubkolbenmotor hinter sich, wir würden heute vermutlich nur noch ihn kennen. Auch Mazda kriegt das Verbrauchs- und damit Umweltproblem trotz Jahrzehnte langer Entwicklung nicht in den Griff.

Abbildung 43

1991 Ein Kreiskolbenmotor siegt bei den 24h von Le Mans.

kfz-tech.de/YVe21

▯|‖ Gemischaufbereitung

Abbildung 44

kfz-tech.de/PVe53

Es nutzt alles nichts. Die Massenmotorisierung vollzieht sich mit Massenprodukten. Bei der Gemischbildung bleibt es beim Vergaser, möglichst auf einen beschränkt wegen der Schwierigkeiten der Justierung. Die Zündung schlägt sich noch ewig mit vermaledeiten Unterbrecherkontakten herum. Noch nicht einmal der für jeden sichtbare

Vorteil des schon 1959 erfundenen Frontantriebs mit Quermotor (Mini) kann sich durchsetzen.

Es ist eine Art bleierne Zeit. Sogar im Rennzirkus kehrt eine dort recht ungewohnte Ruhe ein. Viele Teams fahren mit dem gleichen Motor, jenem phänomenalen V8 von Cosworth. Dort ist es gelungen, Studien über die bestmögliche Art der Anordnung von Kanälen im Zylinderkopf zu machen. Für die Schlüsse daraus interessieren sich nach und nach auch renommierte Hersteller aus ganz Europa.

Nein, die Energiekrise hat nicht allein das Ruder herumgeworfen. Schon vorher gibt es Anzeichen für einerseits leistungs- andererseits energieeffizientere Motoren. Aber die als Folge von deutlich sichtbarem Smog in Kalifornien (z.B. Los Angeles) beginnende Gesetzgebung ändert beinahe alles.

Plötzlich ist der Vergaser verschwunden und die Zündung wird teil- bzw. vollelektronisch. Die zunächst beim Benziner ausschließlich elektronische Einspritzung erhält nun plötzlich mit der Lambdasonde einen Signalgeber aus dem Abgasbereich. Dahinter ist ein Drei-Wege-Katalysator angeordnet, wegen dem die ganze Regelung nötig ist. Das dazu nötige Steuergerät nimmt auch die Zündung unter seine Fittiche (Motormanagement).

Abbildung 45

Abgase werden ab jetzt in Deutschland zweijährlich anlässlich der normalen Fahrzeugprüfung getestet. Bei der Typprüfung muss sogar die Dauerwirksamkeit der Abgase für z.B. 80.000 km nachgewiesen werden. Nichts darf mehr einfach so in die Umwelt entweichen, wozu natürlich gasförmiger Kraftstoff aus dem Tank, Öldunst aus dem Motor, ja sogar die Produkte gehören, die bei der Aushärtung von Lack entstehen.

Das alles trifft nach und nach mit fast noch größerer Härte den Dieselmotor. Der hat inzwischen einen rasanten Aufstieg hinter sich. Nach dem Krieg immer noch als laut und leistungsschwach verschrien, wird er wohl nur als Taxi und von Vielfahrern/innen akzeptiert. Aus dem Lkw ist er aber ohnehin nicht mehr wegzudenken.

Die erste Revolution erlebt der Dieselmotor auch dort mit der Umstellung vom Vorkammer- auf das Direkteinspritzer-Prinzip in den 60ern, gut 30 Jahre vor einer ähnlichen Umstellung beim Pkw. Die Aufladung durch die Energie der Abgase scheint hier besonders sinnvoll zu sein. Unter dem Druck geringen Leistungsgewichts setzt sie sich dann endgültig.

▢▥ Direkteinspritzung 2

Abbildung 46

kfz-tech.de/PVe54

Beim Pkw-Dieselmotor geht es zunächst wegen der geringen Zahl von Anbietern (Mercedes, Peugeot) ruhiger zu. Erst VW mischt das Feld ein wenig auf, als man mit einem kleinen Dieselmotor mit Wirbelkammer und Verteilerpumpe (Bild oben) in einem betont leichten Fahrzeug die annähernd gleichen Fahrleistungen bei drastisch gesenktem Verbrauch erzielt. Es folgen andere Hersteller so lange, bis fast jeder einen Dieselmotor im Programm hat.

Audi hat 1980/90 eine Phase anhaltender Entwicklung, in der auch Forschung an einem auf einen Zylinder reduzierten Dieselmotor stattfindet. Die später von der Mutter VW übernommenen Ergebnisse führen zu dem weltweit berühmten TDI. Gleichwohl waren das nicht die ersten, wenn man den etwas raueren Transit-Motor von Ford und den von Land Rover hinzurechnet.

Abbildung 47

 kfz-tech.de/PVe55

Die Burschikosität gewöhnt man dem Dieselmotor durch Änderung seiner Einspritzanlage ab. Für alle Zylinder verantwortliche Einspritzpumpen verschwinden fast ebenso schnell wie früher die Vergaser. Common Rail (Bild oben) heißt das von Bosch und Fiat zunächst kreierte Zauberwort, das sich nach einem anfänglichen Schlenker von VW zur Pumpedüse inzwischen überall im Pkw-Bereich durchgesetzt hat.

Abbildung 48

kfz-tech.de/PVe56

Der Lkw-Motor tendiert zwar auch dorthin, bevorzugt bisweilen aber noch die Pumpedüse, bei der Höchstdruck in unmittelbarer Nähe zum Brennraum entsteht. Hier finden die gewaltigsten Änderungen inzwischen auf der Abgasseite durch riesige Nachbehandlungssysteme und der Kraftstoffseite durch zusätzlich mitzuführende Stoffe wie AdBlue statt.

Während der Diesel mit seinen Abgasen ringt, tut dies der Benziner mit seinem Verbrauch. Sogar im Rennbereich, der die Zielsetzung zu adaptieren versucht, schrumpft z.B. das Drehzahlniveau deutlich. Wenn das so weiter geht, unterscheiden sich bei Serienfahrzeugen die Nenndrehzahlen von Benzinern und Dieselmotoren bald kaum noch.

Abbildung 49

kfz-tech.de/PVe57

Wichtiger noch zu erwähnen ist die aus Leistungs- und Verbrauchsgründen immer häufigere Benzin-Direkteinspritzung (Bild oben), deren Einspritzventil Sie oben sehen. Überhaupt hat es irgendwann einen Punkt gegeben, an dem die Leistungen von Benzinmotoren in viel rascherer Folge als bisher zunahmen, und das nicht nur durch die Aufladung. Bezogen auf den Hubraum gibt es heute Leistung wie nie zuvor.

Das ist zum Glück auch beim Drehmoment der Fall, das für den alltäglichen Verkehr viel wichtiger ist. Hier hat die Auflading den stärksten Einfluss, interessanterweise erst in Form von Kompressoren, jetzt aber anscheinend eher durch Turbolader realisiert. Wenn dabei auch noch der Hubraum schrumpft, nennt man das neuerdings 'Downsizing'.

Abbildung 50

kfz-tech.de/PVe58

◱◧ Kolbenmotoren

Abbildung 51

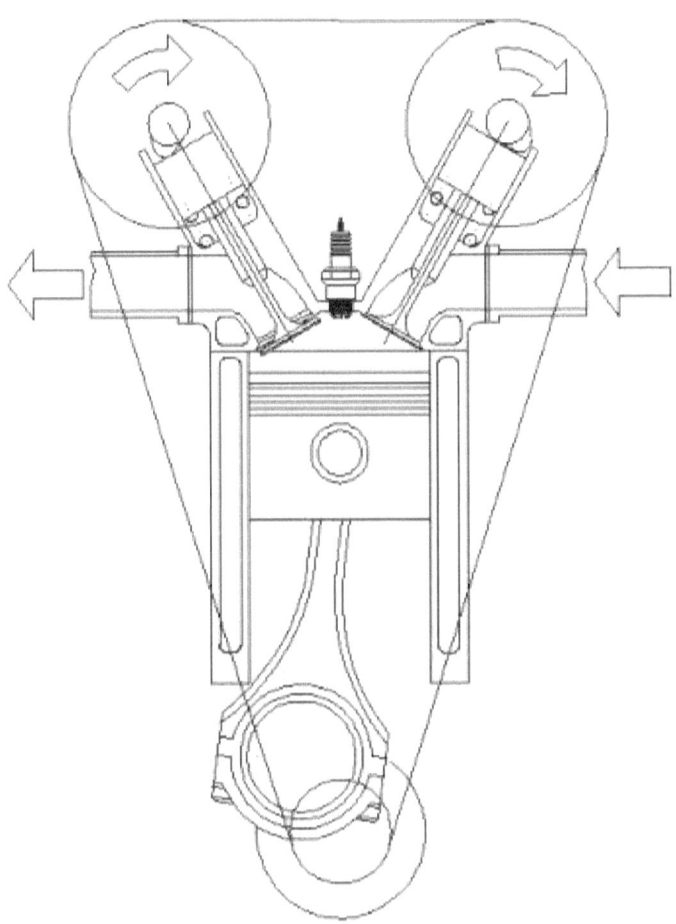

Es gibt ihn in unzähligen Spielarten, den Kolbenmotor. Der Kolben muss sich nicht unbedingt linear bewegen (Hubkolbenmotor), er kann auch kreisen, wie wir beim Wankelmotor gesehen haben. Dabei kann sich die Kurbel- bzw. die Exzenterwelle drehen oder der ganze Motor um diese, so berichtet vom Umlaufmotor, einer Abart des Sternmotors.

Es gibt auch Hubkolbenmotoren mit mehr als einer Kurbelwelle. So kann je eine an jeder Seite eines oder meist mehrerer Zylinder angeordnet und sich zwei Kolben in diesem Zylinder einmal gegeneinander und dann wieder voneinander wegbewegen. Man spart wie beim gewöhnlichen Zweitakter jegliche Ventile und spült durch die sich nahe UT jeweils öffnenden Schlitze.

Da haben wir sie, die Begriffe, die sich am Totpunkt orientieren. Da der Zylinderkopf eines Hubkolbenmotors nicht immer räumlich nach oben zeigt, definieren wir den oberen Totpunkt z.B. mit dem größten Abstand von der Kurbelwelle, umgekehrt den unteren Totpunkt mit dem kleinsten. Diese beiden Punkte hätten also beim Boxermotor die gleiche Höhe.

Das sind wichtige Festlegungen, die bisweilen sogar messtechnisch nachgeprüft werden, weil sich viele wichtige Maße wie z.B. der Zündzeitpunkt darauf beziehen. Wie man das nachprüft? Im günstigsten Fall kann eine Messschraube durch die Kerzenbohrung den Kolben ertasten und uns exakt sagen, wann dieser auf OT steht. Jetzt muss man nur noch eine entsprechende Markierung am Schwungrad anbringen.

Kolben haben übrigens nicht immer die uns geläufige Form. Natürlich ist das beim Wankel- oder Drehkolbenmotor ohnehin nicht der Fall. Es gibt aber auch z.B. von Honda den Versuch, den Kolben mit ovalem Querschnitt wie zwei nebeneinanderstehende Bierdosen mit glatten Seitenflächen zu formen, um damit die mögliche Fläche für Ventilöffnungen zu vergrößern. Allein, die Idee hat sich nicht durchgesetzt.

Deutlich ist wohl, dass bei allen Kolbenmotoren eines im Grunde immer gleich ist: Es wird ein mit gasförmigem (und evtl. Kraftstofftröpfchen) gefüllter Arbeitsraum verkleinert, der dann durch Entzünden des Gemischs wieder zur alten Größe zurückkehrt. Allerdings bezieht sich das auf Kolbenmotoren mit innerer Verbrennung, wodurch z.B. Dampfmaschinen mit ihrer äußeren Verbrennung arbeiten, ausgeschlossen sind.

◨❙❙❙ Kolbenherstellung

Abbildung 52

kfz-tech.de/PVe59

Um direkt eine deutliche Trennung vorzunehmen: Wir reden in diesem Kapitel ausschließlich von Aluminiumkolben, obwohl Stahlkolben, wenn auch in kleinerer Zahl, mehr und mehr im Kommen zu sein scheinen. Voraussetzung für den Gießprozess ist das Einschmelzen auf deutlich über 600°C.

Sie kennen das vermutlich schon. Das Alubad ruht still und obwohl man auf dem Weltmarkt Aluminium in Blöcken mit einer Reinheit von weit über 99 Prozent eingekauft hat, müssen immer wieder sogenannte Verunreinigungen abgezogen werden, die sich an der Oberfläche sammeln. Es ist im Wesentlichen die oxidierte Haut des Rohmaterials.

Was vielleicht weniger bekannt ist, Aluminium und Wasser vertragen sich deutlich schlechter als bisweilen Hund und Katze. Alles, was mit Aluminium in Kontakt kommt, muss frei von Feuchtigkeit sein, weil es sonst zu einer heftigen Reaktion kommt. Ist die Menge an Aluminium wie z.B. so eine Schmelze von z.B. einer halben Tonne in der Lage mindestens die halbe Fabrikhalle in Schutt und Asche zu legen.

Erstaunlich, dass eine Schmelze, die eigentlich schon die richtige Gießtemperatur hat, noch zusätzlich in einen Induktionsofen muss. Es liegt an den Legierungen, die hier zugegeben werden. Dieser Ofen bringt halt so viel Bewegung in die Schmelze, dass die Zusatzwerkstoffe sich intensiv mit dem Aluminium vermischen.

Was sind die Legierungsstoffe? Welche infrage kommen, ist allgemein bekannt, die prozentualen Anteile Werksgeheimnis. An erster Stelle wird Silizium hinzugefügt, das Aluminium verstärkt und unempfindlicher gegen Verschleiß macht. Wie Magnesium, Vanadium, Zirkon, Kupfer und Nickel die Legierung beeinflussen, ist schon schwieriger zu beantworten. Manche Bestandteile wählt man auch nur, um die Ausbildung anderer, besonders wichtiger, zu beeinflussen.

Interessant ist, dass die genaue Zusammensetzung mit Spektralanalyse überprüft werden kann, auch deshalb, weil ja nicht nur beim Gießprozess, sondern auch bei der späteren Fertigung 'Abfall' anfällt, der wiederverwendet wird. Dessen Einfluss auf die Legierungsanteile muss dann natürlich herausgerechnet werden. Gemessen werden die Atome und Moleküle einer kleinen Probe nach Erhitzen bis in die Gasphase.

Ob Pkw- oder Lkw-Kolben, gegossen werden sie alle auf die gleiche Art und Weise. Wichtig ist, dass die Schmelze ihre Temperatur von über 700°C während des Transports beibehält und die nötige Reinheit besitzt, z.B. frei von Gasen ist, die hinterher Lunker erzeugen. Es gibt Metallteile im Aluminiumkolben, wie früher Ringstreifen und heute z.B. Ringträger, die bei der Fertigung umgossen werden. Dazu kommen Kerne aus Salz für z.B. umlaufende Kanäle, die man später mit Wasser herauslöst.

Für die weitere Bearbeitung müssen die Kolben natürlich abkühlen. Es geht also viel Zeit in Bereichen zwischen den einzelnen Bearbeitungsschritten verloren. Für die bis zu 16 Schritte, die jetzt folgen können, ist die eigentliche Bearbeitungszeit relativ gering, aber der Kolben muss natürlich auch transportiert werden.

Bei einem gegossenen Werkstück müssen immer erst eine oder zwei Ebenen geschaffen werden, an denen es eingespannt werden kann. Danach lassen sich bis zu hundertstel Millimeter Toleranzen einhalten. Denken kann man sich, wie die äußere Form zusammen mit den Nuten für die Kolbenringe und der Bohrung für den Kolbenbolzen entstehen.

Spannend wird es, wenn der Drehmeißel nicht stur auf seiner Position bleibt, sondern während einer Umdrehung durch blitzschnelle Vor- und Rückwärtsbewegung eine gewisse Ovalität erzeugt. Neueren Datums sind Vorsorgen gegen allzu viel Blowby-Gase bzw. Kompressionsverlust. Da hilft eine Nut unmittelbar unter dem ersten Kolbenring, dass die Gase sich ausdehnen und nicht direkt auf den zweiten Kolbenring einwirken. Kleinste Einfräsungen oberhalb des ersten Kolbenrings sorgen für Turbolenzen, die das weitere Vordringen der Gase behindern.

Natürlich müssen wir auch noch über die Beschichtung an der unteren Kolbenführung sprechen. Hier fällt einem als erstes Eisen ein, schon seit längerer Zeit in einem möglichen Verfahren aufgetragen, um den einwandfreien Lauf eines Alu-Kolbens in dem Zylinder aus dem gleichen Material zu ermöglichen.

Neuer und gut sichtbar sind Beschichtungen, die im Siebdruck aufgebracht werden, z.B. auf Graphit-Basis. Die sind nicht so sehr für den normalen Motorlauf als vielmehr für extremere Betriebsbereiche gedacht, dürften auch nach längerer Laufzeit ziemlich aufgebraucht sein.

Nicht berücksichtigt, haben wir bis jetzt die Schmiedekolben. Die entstehen durch den bei Aluminium häufig verwendeten Strangguss. Da wird das gegossene Aluminium sofort mit Wasser abgekühlt. Ob gänzlich fest oder nur im Randbereich verlässt es die Gießform nach unten als langer Strang. Von diesem werden genau der Masse des späteren Kolbens entsprechende Stücke abgetrennt.

Schmieden ist ein Prozess der Verdichtung und gleichzeitigen Formgebung. Auch wenn der Durchmesser des ursprünglichen Teils aus Vollmaterial noch deutlich kleiner ist, bewirkt das Pressen in mehreren Schritten ein letztlich ein komplettes Ausfüllen der zur Verfügung gestellten Form. Die weitere Bearbeitung ähnelt dann der von gegossenen Kolben.

Was natürlich bei industrieller Fertigung nie fehlen darf, ist die Endkontrolle mit dem teilweisen oder an Einzelstücken vollständigen Messen und Vergleichen. Auch kann schon teilweise vormontiert werden.

Abbildung 53

kfz-tech.de/YVe27

▢▬▮▮ Nichtparallele Zylinder

Abbildung 54

kfz-tech.de/PVe72

Ein wenig ist der Verbrennungsmotor sein großflächiges Ableben wohl selbst schuld. Er hat sich schließlich nie in eine auch nur annähernd vollkommene Ästhetik zwingen lassen. Da ist der Elektromotor ganz anders drauf. Der ist rund, gleichmäßig und dagegen spielend einfach auszuwuchten.

Probieren Sie das einmal mit einem Verbrennungsmotor. Sicher, die Kurbelwelle kriegen Sie perfekt hin, aber schon bei Kolben und Pleuel hört es auf. Ausgleichswellen beheben zwar die Unwucht ein wenig, aber anschauen mag man so einen Motor mit je einer auf jeder Seite entweder unter der Kurbelwelle (Bild oben) oder in verschiedenen Höhen nicht.

Abbildung 55

Besser wäre, wenn die Bekämpfung der Unwucht auf der anderen Seite ansetzen würde. Da fällt Ihnen bestimmt der Zweizylinder-Boxermotor ein. Aber von oben betrachtet laufen die beiden Kolben natürlich nicht auf einer Achse, sondern sind versetzt. Also hier ein kleines Kippmoment.

Abbildung 56

Nehmen Sie vier Zylinder, ist dieses zu bändigen, aber schauen Sie so einen Motor wieder von oben an, kauert das eine Kolbenpaar aneinander, während das andere sich maximal ausstreckt. Das soll Ästhetik sein? Etwas besser wird es mit sechs Zylindern.

Abbildung 57

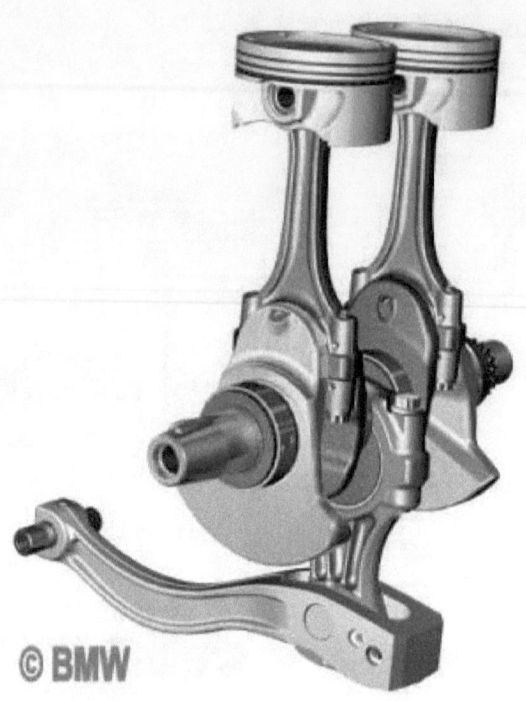

kfz-tech.de/PVe73

Aber richtig gut wird es nicht, eher schlimmer, wenn z.B. BMW eine Art Klöppel auf der Gegenseite zum Zylinder anbringt, der zwar besser dämpft, aber schlechter aussieht. Als Annäherung bleibt uns nur der Reihen-Sechszylinder von der gleichen Firma.

Abbildung 58

kfz-tech.de/PVe74

Damit verlassen wir aber auch gleichzeitig diese Art Motor, bei der übrigens die Zylinder auch in zwei Reihen zueinanderstehen können, allerdings mit dem hohen Aufwand zweier Kurbelwellen. Wir wenden uns jetzt dem größten Gegensatz dazu, dem Sternmotor zu.

Abbildung 59

 kfz-tech.de/PVe75

Sie werden sagen, dass dies doch nun wirklich ein dem Auge wohltuender Motor sei. Aber nur von vorne. Denn wenn jedes Pleuel auf die Kurbelwelle zugreift, können die Zylinder nicht in einer Ebene liegen. Natürlich geht das mit einem Haupt- und vielen Nebenpleueln, aber wie sieht denn das aus?

Zurück zum Boxermotor wäre es auch denkbar, das eine Pleuel im Übergriff auf das andere anzulegen und damit die gemeinsame Zylinderachse zu retten. Ist aber mit Recht nie oder fast nie gebaut worden. Eigenartig, dass der Reihen-Sechser allen Boxermotoren in dieser Hinsicht überlegen ist.

Man sagt diesen übrigens nach, den tiefsten Schwerpunkt zu haben. Ausgerechnet beim Porsche Carrera GT hat man bewiesen, dass dies eigentlich für den V-Motor gilt, weil der Boxermotor in aller Regel eine nach unten abgehende Abgasanlage hat.

Abbildung 60

kfz-tech.de/PVe11

Führt man sie seitlich aus den Zylinderköpfen heraus, wird der Motor noch breiter. Allerdings hat das Ganze nur funktioniert, indem man eine für den Serienbau völlig neue Mehrscheibenkupplung entwickelt hat. Schon ein großes Schwungrad hätte die Bemühungen zunichte gemacht.

Das Dilemma des V-Motors erkennt man schon bei 180° Bankwinkel. Je zwei Kolben auf dem gleichen Pleuellager schrubben hin und her. Mit kleinerem Winkel, 90° für acht und 60° für sechs Zylinder wird es etwas besser, vor allem von der Raumökonomie her.

Will man aber zwei Zylinderköpfe mit normalerweise je zwei Nockenwellen vermeiden, so scheinen, Beispiel VW, höchstens 15° Bankwinkel möglich, wobei die Zylinder dann doch mit ihren unteren Enden aneinanderstoßen würden, ihre Mittellinien nicht mehr die Mitte der Hauptlager treffen können.

Denken Sie nur an den Zylinderkopf. Egal ob zwei oder drei Nockenwellen, die Ansaugkanäle sind höchstens durch zusätzliche Verlängerungen auf gleiche Länge zu bringen. Typisch für den Hubkolbenmotor, wenn ein Problem annähernd gelöst ist, taucht sofort ein anderes auf.

Natürlich konnte man sich ja denken, dass Sie diesen Moment nutzen, um auf den Wankel- oder besser Drehkolbenmotor zu verweisen. Neben dessen zwei Hauptproblemen, Abgas und Verbrauch, können Sie den nicht perfekt auswuchten, weil sich der exzentrisch angeordnete Kolben im Betrieb dreht.

> Zum Schluss kommt doch noch so etwas wie Ästhetik an diesem Ferrari-Motor auf . . .

Abbildung 61

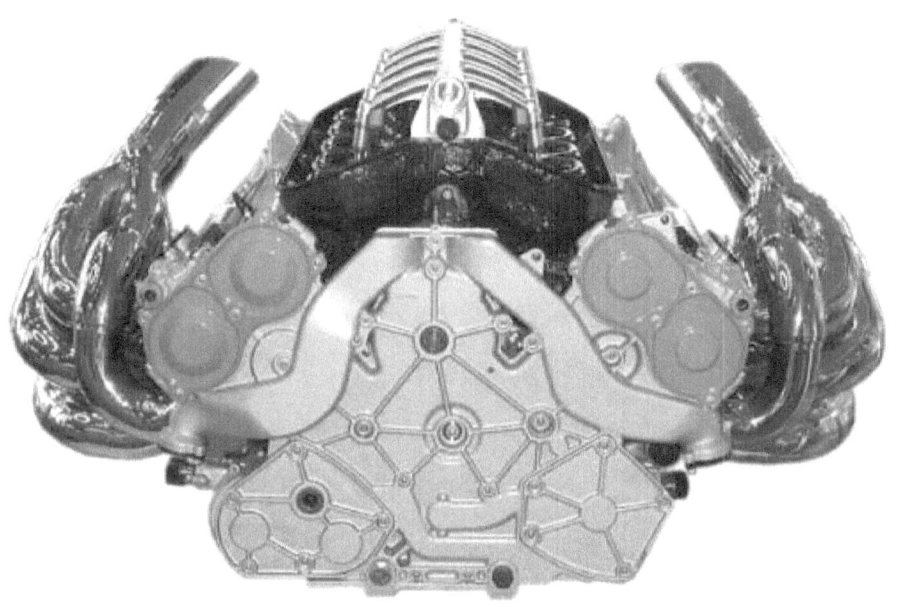

 kfz-tech.de/PVe76

◲ Honen 1

Abbildung 62

Raue Zylinderwand speichert Öl.

kfz-tech.de/PVe77

Bei der bisherigen Zylinderbearbeitung ist das Honen (Ziehschleifen) der letzte Bearbeitungsschritt. Dabei rauen rotierende, auf- und abgehende Bürsten mit Honsteinen an den Spitzen die Zylinderfläche auf. Die entstehenden Kreuzschlitze sind recht ausgeprägt und sorgen dafür, dass genügend Öl für gute Schmierung und geringe Reibung beim Abwärtsgang des Kolbens auf der Wandung bleibt.

Traditionell wird die Federvorspannung der Ölabstreifringe als Kompromiss zwischen ausreichender Schmierung und nicht zu hohem Ölverbrauch eingestellt. Sie ist übrigens bei Grauguss eher höher als bei beschichteten Alu-Zylindern. Für diese Form des Honens gilt jedoch, je rauer die Oberfläche, desto länger die Einlaufzeit.

Weiche Werkstoffe gleiten nicht gut aufeinander. Solange nur die Kolben aus einer Aluminiumlegierung gefertigt wurden, gab es in Grauguss-Zylinderblöcken keine Probleme, nachdem man für die unterschiedliche Wärmeausdehnung eine Lösung gefunden hatte.

Abbildung 63

kfz-tech.de/PVe78

> Beschichtung ist kostengünstiger und unproblematischer als eingezogene Buchsen.

Seitdem Zylinderblöcke auch wegen der Gewichtsersparnis aus AlSi-Legierung hergestellt sind, hat man häufig Graugussbuchsen eingezogen. Hier kommen jedoch zwei Werkstoffe mit sehr unterschiedlichen Eigenschaften bei der Wärmedehnung zusammen. Das ergibt Spannungen. Viel besser ist es, das Aluminium weg zu ätzen oder den Kolben/Zylinder zu beschichten.

Abbildung 64

kfz-tech.de/PVe79

Ein Verfahren dazu ist die Plasmabeschichtung. Das Wort 'Plasma' taucht schon 1920 als Bezeichnung für einen vierten Aggregatzustand auf. Der ist nur bei unglaublich hohen Temperaturen erreichbar. Dabei ändert sich bei Atomen der Anteil an Elektronen. Es entsteht ein elektrisch geladenes Gas. Mit genügend Energie ist das mit nahezu allen Stoffen möglich.

> Plasmabeschichtung mit sehr hoher Temperatur.

Das in die wassergekühlte Mischdüse einströmende Plasmagas wird mit hoher Energie zur Anode gezogen und tritt dort aus. Es bildet sich ein Lichtbogen mit über 10.000°C, der Beschichtungspulver (legierter Stahl und Molybdän) und Fördergas aus einer zusätzlichen Versorgungsleitung mit sich reißt und noch plastisch mit sehr hoher Geschwindigkeit auf die Zylinderwand treffen lässt.

> Stahl und Molybdän Kraft-/formschlüssig auf Zylinderwand

Statt eisenhaltigem Material sind auch Keramikpartikel möglich. Nach dem Erstarren ist eine Schicht von weniger als 1/100 Millimeter formschlüssig mit dem Ausgangswerkstoff verbunden. In der Zeit hat sich der Brenner mit dem Versorgungsrohr längst wieder weiter gedreht. So wird in Windeseile der gesamte Zylinder beschichtet und ist danach, anders als mit einer trockenen Buchse, kaum schwerer geworden.

> Verbesserte Gleiteigenschaften der Kolbenringe

Bei plasmabeschichteten Zylindern kann die Vorspannung der Kolbenringe zurückgenommen werden, was auch der inneren Motorreibung schon während der Einlaufphase zugutekommt. Das abschließende Honen ergibt nur kleine, unverbundene Räume, die Öl speichern. Insgesamt ist die Oberfläche weniger rau und es entsteht kaum Mischreibung während der Einlaufzeit.

Ein Verfahren, das nur nach Honen angewandt werden kann, ist die UV-Photonenhonung. Hierbei schmilzt die Oberfläche in einer Tiefe von 2 Mikrometern, Stickstoff zum Härten dringt ein und es bildet sich eine Struktur, in der sich durch mehr und kleinere Räume Öl sammeln kann und vor der Ölabstreifung sicher ist. Folge: Der Ölverbrauch, Verschleiß und die Reibung sinken, das Abgas wird weniger belastet.

Alternative Verfahren und Beschichtungsmaterialien

Statt Honen wird hierbei ein Graugusszylinder im Laufbereich der Kolbenringe mit Laserlicht bearbeitet. Die Laserpulse lassen gezielt Material verdampfen und ebenfalls ein Plasma entstehen. Stickstoff kommt hinzu und eine verschleißfeste Schicht mit exakt definierter Rauigkeit entsteht.

Tauchprüfung eines Zylinderblocks mit Ultraschall

Abbildung 65

Laser-Honen schafft Feinstruktur auf Zylinderwand.

 kfz-tech.de/PVe80

Schon längst werden also alternative Verfahren zum klassischen Honen angewandt, denn die sehr raue Oberfläche mit ihren Spitzen sorgt für Mischreibung mit den Kolbenringen und eine längere Einlaufzeit. Auch wären mehr kleine, unverbundene Mikrodruckkammern für den Aufenthalt des Motoröls besser, weil es dann immer an derselben Stelle verbleiben würde.

Abbildung 66

kfz-tech.de/PVe81

Es entstünde eine genau strukturierte Oberfläche, die zwar eventuell weniger, aber viel besser verteilten Schmierstoff anbieten würde. Es gäbe fast nur noch Flüssigkeitsreibung mit entsprechenden Vorteilen für Lebensdauer, Verbrauch und Abgasverhalten. Diese gezielt nach Belastung variierte Struktur entsteht z.B. durch Honen mit dem Laser. Natürlich ist diese Technik der Mikrodruckkammern auf viele Gleitlager z.B. bei Kurbelwellen und/oder Kolbenbolzen anwendbar.

Abbildung 67

kfz-tech.de/YVe26

◨||| Honen 2

Abbildung 68

kfz-tech.de/YVe24

In einem Gespräch mit einem Spezialisten für Kolbenringe erwähnt der beiläufig, er schätze, es würden in über 90 Prozent der Fälle Zylinder eben nicht plasmabeschichtet, sondern immer noch klassisch gehont. Recherchen danach bestätigten diese Aussage, aber trotzdem scheinen die Tage der Art Klobürste mit den Honsteinen gezählt zu sein.

Inzwischen benutzt man das Honen längst nicht mehr nur zu einer differenzierteren Art von Aufrauung, sondern auch rein messtechnisch für Korrekturen. Die Honsteine sind zu einer oder mehreren Honleisten geworden, der Prozess ähnelt mehr dem gezielten Fräsen.

Vielleicht hat es damit begonnen, dass die eingegossenen Ringträger verschwunden sind, die das Problem der sich bei Erwärmung stärker ausdehnenden Alu-Kolben gegenüber einem Graugussblock lösen halfen. Man nannte sie auch Regelkolben.

Inzwischen hat sich die Wahl der Materialien fast in ihr Gegenteil verkehrt. Statt Grauguss haben wir sehr häufig eine Alu-Legierung und die Kolben gibt es inzwischen sogar schon beim Benzinmotor in Stahl- Ausführung. Bei Alu in Alu laufend ist eigentlich nur noch die Trennschicht (Beschichtung) wichtig.

Abbildung 69

kfz-tech.de/PVe82

Von einstmals 4 Zehntel Kolbenspiel scheinen inzwischen oftmals mehrere Hundertstel bzw. 1 Zehntel übrig geblieben zu sein, wenn man z.B. dem Tuning Glauben schenkt. Da werden Zylinder eben nicht mehr nur an den kritischen Stellen oben und unten quer zur Kolbenachse durchgemessen.

Man versucht zu einer Art ganzheitlichem Bild der Zylinderlaufbahn zu kommen, nach dem Motto: Hat der Kolben überall genug Platz und klemmt er nirgendwo. Da gibt man sich auch nicht mit einer bisweilen in bestimmen Stellungen etwas schwergängigen Kurbelwelle bezüglich ihrer Lagerung zufrieden.

Abbildung 70

kfz-tech.de/PVe83

Das Prinzip nicht nur bei stark aufgeladenen Motoren lautet: Viel Öl oder besondere Mittel bei der Montage und kein Motorstart ohne genügend anstehenden Öldruck. Eigentlich wird gemessen, bis der sprichwörtliche Arzt kommt. Ist wohl berechtigt, denn Tuningteile sind teuer.

Abbildung 71

kfz-tech.de/PVe84

Nein, mehrere Zehntel scheinen fast schon megaout zu sein, Hundertstel angesagt. Sogar bei Austauschmotoren vom Werk macht diese Messwut nicht Halt. Es ist wohl so, dass manchmal vom Werk aus eine gewisse Schwergängigkeit einer Bearbeitung der Lager dem Betrieb in der Praxis überlassen bleibt.

Abbildung 72

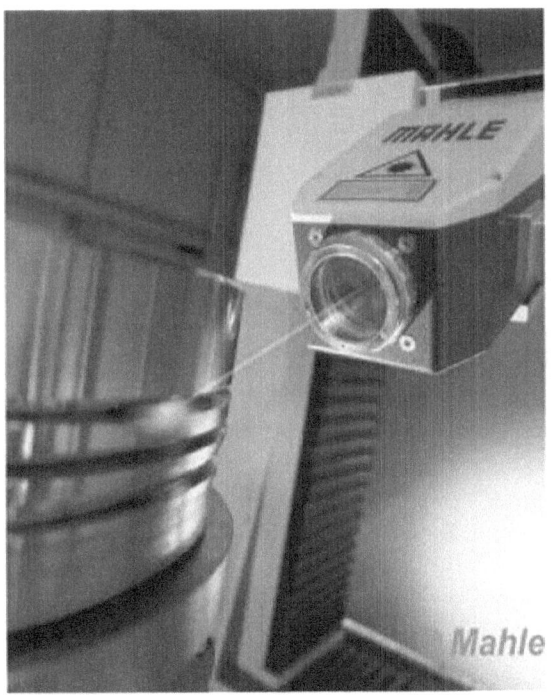

kfz-tech.de/PVe85

Zu vermuten ist das auch bei Neumotoren. Inzwischen scheint keine Messung und Materialauftragung beim Zylinderblock und sogar beim Kolben unmöglich. Dort merkt man von außen allerdings nicht, ob die Qualität gewahrt bleibt, denn erneut schmieden kann man einen schon bearbeiteten Kolben nicht mehr.

Es ist genau wie bei entsprechenden Felgen, das Schmieden geschieht vor der Bearbeitung. Es sind z.B. auch nachher keine Hohlräume wie beim Gießen möglich. Noch ärger ist es bei Pleueln. Eine eventuelle Härtung erfolgt in frühen Fertigungsschritten, was danach natürlich die Anforderungen an das spanende Werkzeug deutlich erhöht.

Das bedeutet auch, dass die Unterschiede zwischen dem Rohling und dem Fertigteil sehr groß sind, gewichtsmäßig bei teuren Kolben vielleicht nur noch 15 Prozent. Da fällt eine Menge Späne an, die natürlich gesammelt und wiederverwendet werden. Angenehm ist übrigens, wenn Pleuel und Lagerdeckel durch Nummern einander zugeordnet sind.

Also: Ausdrehen oder Ausfräsen geschieht mit über eine weite Skala einstellbare Maschinen. Honen ist Feinstbearbeitung mit Werkzeugen jeweils für bestimmte Bereiche von Durchmessern unter gleichzeitiger Beachtung der Rauigkeit z.B. von Zylinderwänden.

Abbildung 73

 kfz-tech.de/YVe25

▢▥ Honen 3

Abbildung 74

kfz-tech.de/YVe28

Von einem Zylinder erwartet man heute, besonders bei höherwertigen Hubkolbenmotoren, nach Endbearbeitung einen gleichmäßigen Durchmesser mit Toleranzen von nur sehr wenigen Hundertstel Millimetern, egal in welcher Höhe oder Richtung gemessen wird.

Das ist, natürlich neben der Materialwahl, der Tribut, den man der immer noch weiter steigenden Motorbelastung zollt. Für eine Serie mit besonders viel Leistung kauft vermutlich auch ein Fahrzeughersteller Kolben bei einem Spezialbetrieb ein, der dann auch noch die dazu passenden Pleuel liefert.

Da müssen vielleicht noch Ölfluss, Kühlung und Kurbelwelle angepasst werden, aber ansonsten kann man beginnen, mehr Druck auf die Zylinder zu geben. Das bedeutet umgekehrt allerdings auch, dass sich leistungsschwächere Versionen mit gleichem Hubraum sehr wohl unterscheiden können.

Allerdings dürften die Zusatzkosten dafür bei weitem nicht so hoch sein, wie den Kunden berechnet. Aber umgekehrt muss das auch nicht heißen, dass der Verschleiß bei stärkerer Renn-Beanspruchung unbedingt exorbitant hoch sein muss.

Immer eine vernünftige Behandlung des Motors vorausgesetzt, also z.B. Belastung nur ab 80°C Öltemperatur. Geschützt sind solche Motoren dann durch Messen und Kontrollieren, nicht nur die genaue Spiel-Berechnung, sondern auch bei jeglichen Wellen das Fluchten von Lagern.

Abbildung 75

kfz-tech.de/PVe86

Hätten Sie gewusst, dass inzwischen sogar das kleine Pleuelauge gehont werden kann? Doch zurück zum Honen von Zylindern. Die brauchen nämlich eine Brille. Ja, Sie haben richtig gehört. Das ist ein dickes Stück Metall mit den etwas vergrößerten Bohrungen, das zum Honen auf die Zylinder geschraubt wird.

Man ahmt sozusagen den Zylinderkopf nach. Und zwar tut man das, weil man z.B. die originalen oder nachgerüstete Stehbolzen bis zu ihrem normalen Drehmoment anziehen will. Der jeweilige Zylinder wird dadurch leicht ballig, was das Honen eines solchen wie im eingebauten Zustand erlaubt.

Im Gegensatz zum Ausdrehen oder Schleifen kennt Honen keine Mittenzentrierung, d.h. die Honahle ist mit dem Antrieb nur kardanisch verbunden. Die Mittellinie des Zylinders muss schon vorher stimmen. Nur an der Bohrung und der Zylinderform sind jetzt noch Veränderungen möglich.

Man beginnt mit den rauen Steinen und endet, wenn das angestrebte Maß an möglichst allen Stellen des Zylinders erreicht ist. Der ist also am Ende wirklich rund, immer im Gegensatz zum Kolben, dessen Durchmesser am Schaft noch nach unten zunimmt.

Eine Honahle kann eine oder mehrere Leisten enthalten, in denen Honsteine entweder federnd oder mechanisch, hydraulisch oder pneumatisch verstellbar sind, ergänzt durch Gleitsteine. Das Ausfahren ist in bestimmten Grenzen durch ein großes Rad oben an der Antriebseinheit möglich. Zwischen den einzelnen Gängen wird immer wieder gemessen.

Abbildung 76

Die vertikalen Bewegungen der Honahle sollten mit der des jeweiligen Kolbens später einigermaßen übereinstimmen. Es ist darauf zu achten, dass sie nicht an einer Stelle zu lange verweilt, denn das bedeutet dort automatisch mehr Abtragung von Material. Am besten ist es, die Anzahl der Auf- und Abbewegungen zu zählen.

Drehzahl und vertikale Bewegung sind so aufeinander abgestimmt, dass ein Kreuzschliff unter etwa 40 bis 60° entsteht. Auch darf die Rauheit der Oberfläche nicht zu groß sein. Die Honleisten werden immer wieder abgezogen, um neues Material an deren Oberfläche zu bringen.

Man verwendet CBN, Diamant, Siliziumkarbid oder Korund. Bisweilen wird das Honen fälschlicherweise auch als Läppen bezeichnet, aber dabei erzielt man durch befestigte Anordnung in noch feineres Schleifen noch geringere Toleranzen. Die Zylinder von Einspritzpumpen werden geläppt.

Abbildung 77

kfz-tech.de/YVe23

◻️||| Arbeitsverfahren

Abbildung 78

kfz-tech.de/PVe60

Es gibt immer wieder Versuche, auch den normalen Kolbenmotor zu einem mit äußerer Verbrennung umzubauen. So eine Möglichkeit besteht beim Stirlingmotor, obwohl es den auch mit innerer Verbrennung gibt. Dieses Verfahren wurde z.B. wegen seinem günstigeren Wirkungsgrad wieder aus der Schublade geholt. Er nutzt den Unterschied zwischen erwärmtem und gekühltem Raum, um daraus Bewegungsenergie zu extrahieren.

Wie gesagt, die beiden Räume können neben- oder ineinander angeordnet sein. Erstere Anordnung bedingt zwei Zylinder, letztere einen komplizierteren Kurbeltrieb. Bisher hat sich diese Motorenbauart aber im Kraftfahrzeug in keinster Weise durchsetzen können, sei es wegen hohem Aufwand bei geringer Leistung oder schlechtem Regelverhalten.

Einteilen könnte man die Motoren zunächst nach dem Arbeitsverfahren. Wenn wir uns den Takt als halbe Kurbelwellenumdrehung vorgeben, kann ein Arbeitsspiel in zwei oder in vier Takten ablaufen und sich zyklisch wiederholen. Ein Arbeitsspiel ist dabei der komplette Vorgang mit Austausch von Alt- gegen Frischgas, Verdichtung, Zündung und der besonders wichtigen Expansion desselben.

Wichtig für einen Kolbenmotor ist auch der zum Betrieb nötige Kraftstoff. Hier müsste man bei den grundsätzlich möglichen Kraftstoffarten unterscheiden, mit welchen ein bestimmter Motor mit oder ohne größere Umbauten betrieben werden kann. Erstere gliedern sich in gasförmige und flüssige, wobei natürlich jeder Kraftstoff unmittelbar vor seiner Verbrennung gasförmig sein muss.

Ab jetzt wird die Reihenfolge der Kategorien eher zufällig. Wenn wir als nächstes die Art der Steuerung der ein- und austretenden Gase betrachten, so kann diese durch Ventile, Schieber, Schlitze oder Membrane geschehen. Die Schieber können Öffnungen durch Verdrehen oder Hub freigeben. Ventile müssen auch nicht zwingend durch Nocken geöffnet werden, Schlitze schon eher durch den Kolben, Dreh- /Längsschieber und Membrane. Letztere wirken wie Luft-Rückschlagventile (Zweitakter).

Wenn wir das Thema jetzt einmal kurz auf den Hubkolbenmotor zuspitzen, ist natürlich die Bauform interessant. Neben dem Reihen-, Boxer- und V-Motor muss der VR- bzw. W-Motor erwähnt werden. Aber vergessen Sie nicht andere Bauformen, bei denen z.B. zwei Kurbelwellen Kolben im gleichen Zylinder aufeinander zu und voneinander wegbewegen. Auf diese Art sind sogar drei Kurbelwellen möglich.

Und selbst wenn es sich um einen Sternmotor handelt, bei dem eine ungerade Anzahl von Kolben mit ihren Pleueln auf eine sich drehende Kurbelwelle zugreift. Auch hier kann ein zweiter Stern auf Lücke hinter dem ersten angeordnet sein. Oder schauen Sie sich einen Klimakompressor an, dessen Kolben sich in einer umlaufenden Trommel auf- und ab bewegen.

Sollten Sie der Meinung sein, ein Hubkolbenmotor brauche grundsätzlich einen Kurbeltrieb, so müssen wir sie leider enttäuschen. Er kann auf diesen verzichten, wenn er an seiner Unterseite oder an einem mit ihm verbundenen zweiten Kolben Druck erzeugt. Auch dadurch ist ein Fahrzeugantrieb realisierbar. Statt des hydraulischen oder pneumatischen Drucks könnte es auch elektrischer Strom sein.

Abbildung 79

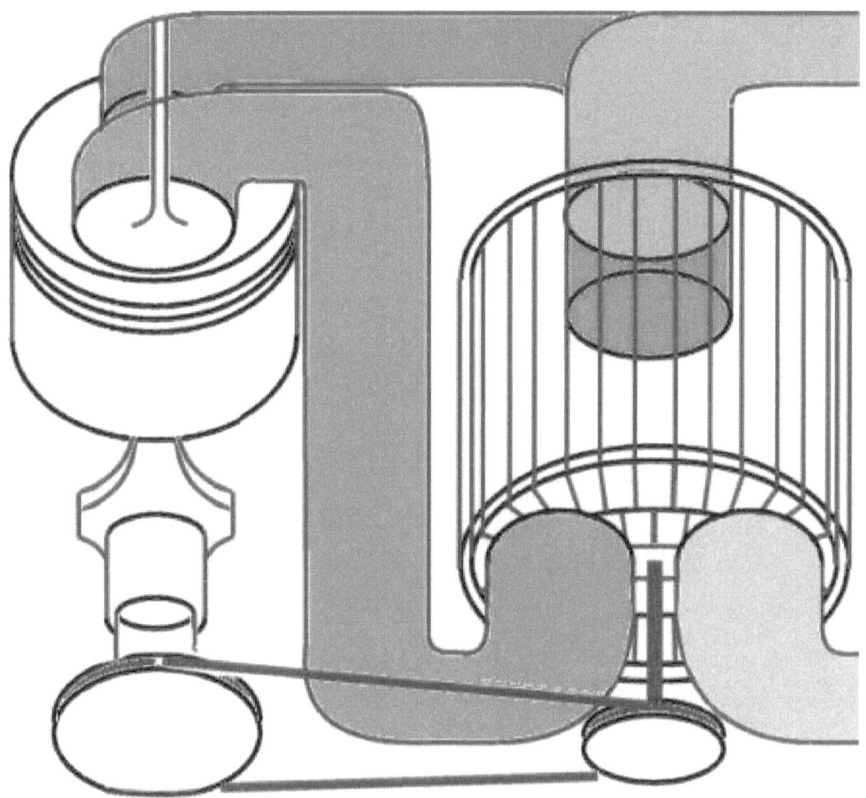

Die Aufladung erzwingt ihre Unterscheidung zum Saugmotor. Sie selbst gliedert sich in mechanische und durch Abgase angetriebene, kombiniert vielleicht mit einem Elektromotor/Generator. Natürlich gibt es jede Menge Kombinationen beider, aber auch der durch Abgase direkt und fast ohne Wirkungsgradverlust angetriebene Comprex-Lader ist hier noch zu erwähnen.

Selbst die Unterscheidung zwischen Diesel- und Benzinmotor ist nicht mehr ganz so einfach. Beziehen Sie sich auf das Vorhandensein einer Fremdzündung und Sie sind auf der sicheren Seite. Denn im Versuch gibt es

Benzinmotoren, die in gewissen Betriebsbereichen mit Selbstzündung arbeiten. Und Direkteinspritzung ist schon lange keine Domäne der Dieselmotoren mehr.

Früher waren Dieselmotoren eindeutig qualitätsgeregelt, d.h. beim Gas geben wurde die Kraftstoffeinspritzung intensiviert. Der Benziner war dementsprechend nach Quantität geregelt, was bedeutet, er kriegt mehr Luft und die entsprechende Menge mehr Kraftstoff. Aber wer weiß schon um die kruden Kennfelder eines Motormanagements, besonders wenn es um Schichtladung geht?

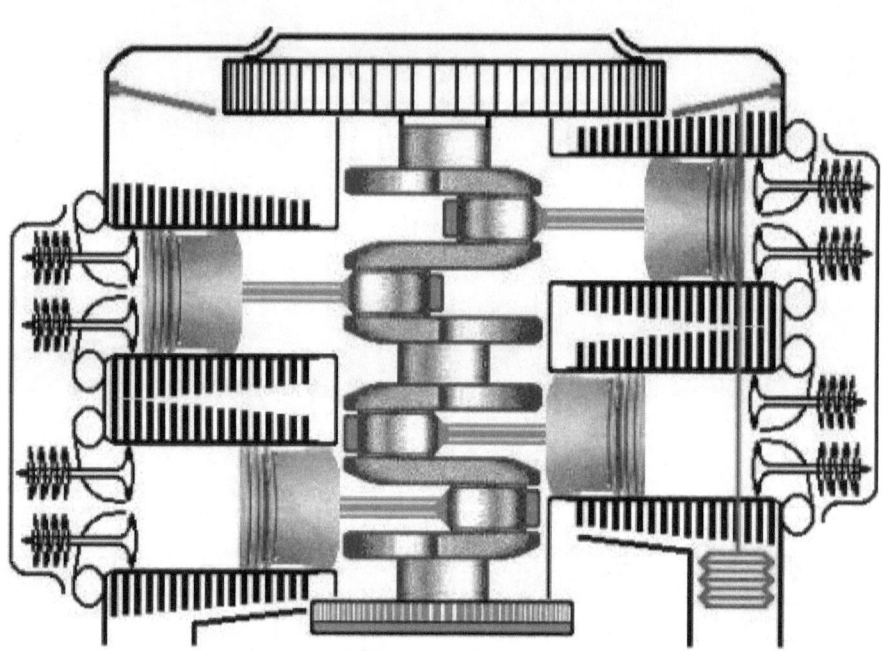

Abbildung 80

Ach ja, beinahe hätten wir die Kühlung vergessen. Natürlich kennen Sie Luft- und Flüssigkeitskühlung, wissen sogar, dass beide thermostatisch regelbar sind. Bei ersterer kann das Gebläse auch durch Fahrtwind ersetzt werden. Aber kennen sie auch die reine Ölkühlung? Hier übernimmt Motoröl den gesamten Wärmetransport. Natürlich ist, wie auch bei der Flüssigkeitskühlung, immer ein wenig Luftkühlung dabei.

 Viertakter

Abbildung 81

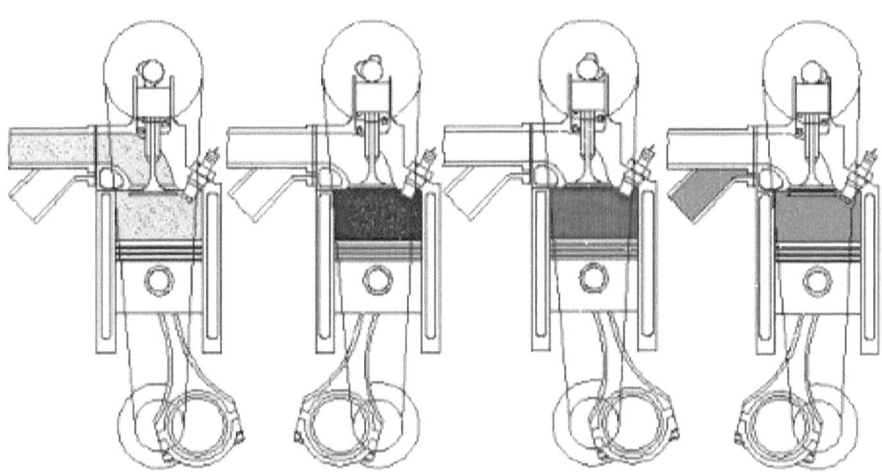

Jetzt bleiben wir erst einmal endgültig beim Hubkolbenmotor, sonst kriegen wir nie eine eindeutige Beantwortung möglicher Fragen hin. Es geht im Folgenden zunächst um die Beschreibung der Vorgänge und dann um mathematische Größen (keine Angst!), die einen solchen Motor eindeutig beschreiben.

Ein Zyklus des Viertaktverfahrens beginnt mit dem Ansaugtakt. Der heißt so, weil durch den nach UT strebenden Kolben sich der Zylinderraum vergrößert. Der Druck sinkt knapp unter den Atmosphärendruck und dieser sorgt jetzt für die Füllung des Raumes, beim Direkteinspritzer mit reiner Luft oder sonst mit Luft-Kraftstoff-Gemisch.

Ist der Motor durch Turbo oder Kompressor aufgeladen, verliert der Begriff 'Ansaugtakt' seine Berechtigung. Übrigens ist in diesem Takt auch nicht immer die kühlende Wirkung einer auf ca. 100°C absinkenden Temperatur garantiert. Das kann aber durch Ladeluftkühlung wieder etwas korrigiert werden. Bei manchen Modi z.B. der Benzin-Direkteinspritzung wird auch schon in diesem Takt eingespritzt.

Nach dem Umkehrpunkt bewegt sich der Kolben nach OT. In den allermeisten Fällen sind die Ventile schon recht frühzeitig im Verdichtungstakt geschlossen. Je höher das Drehzahlniveau eines Motors, desto länger versucht man noch, durch Offenlassen des Einlassventils die Trägheit der Frischgassäule zu nutzen und damit die Füllung zu verbessern.

Es gibt aber auch den umgekehrten Fall, bei dem man bewusst wieder Luft zurück in das Ansaugsystem zurückkehren lässt. Zu Atkinson/Miller später mehr. Irgendwann muss aber jeder Viertaktmotor verdichten, denn das war der Sinn seiner Erfindung. Das, was dann zur Zündung übrigbleibt, ist jetzt endgültig die Füllung. Die wird unterschiedlich je nach Motordrehzahl, Temperatur und anderen Faktoren dann irgendwann vor OT eingeleitet.

Der sich durch die Verbrennung enorm steigernde Druck treibt den Kolben ein weiteres Mal nach UT. Der Arbeitstakt muss alles an Energie liefern, was die anderen Takte verbrauchen. Und natürlich noch mehr, denn erst wenn alles rechnerisch abgezogen ist, was bei einem Verbrennungsmotor noch abgezweigt wird, beginnen die DIN-kW am Schwungrad zu zählen.

Auslassventile öffnen, bevor der Kolben UT erreicht. Denn die Abgase brauchen eine gewisse Zeit, sich für den Austritt zu entscheiden. Ebenso bleiben die Auslassventile noch bis in den Ansaugtakt hinein geöffnet, um die Energie der austretenden Abgase für die Frischgase nutzbar zu machen. 'Ventilüberschneidung' nennt man das.

Ist die Motorsteuerung entsprechend variabel ausgelegt, kann man die Ventile so steuern, dass man bewusst Abgas im Motor belässt. Innere Abgasrückführung nennt man diese nicht gerade leistungssteigernde Maßnahme. Es ist Teil der umfangreichen Abgasentgiftung von Verbrennungsmotoren. Mehr dazu können Sie im Buch 'Benzineinspritzung' der gleichen Reihe nachlesen.

◨❘❘❘ Verdichtung

Abbildung 82

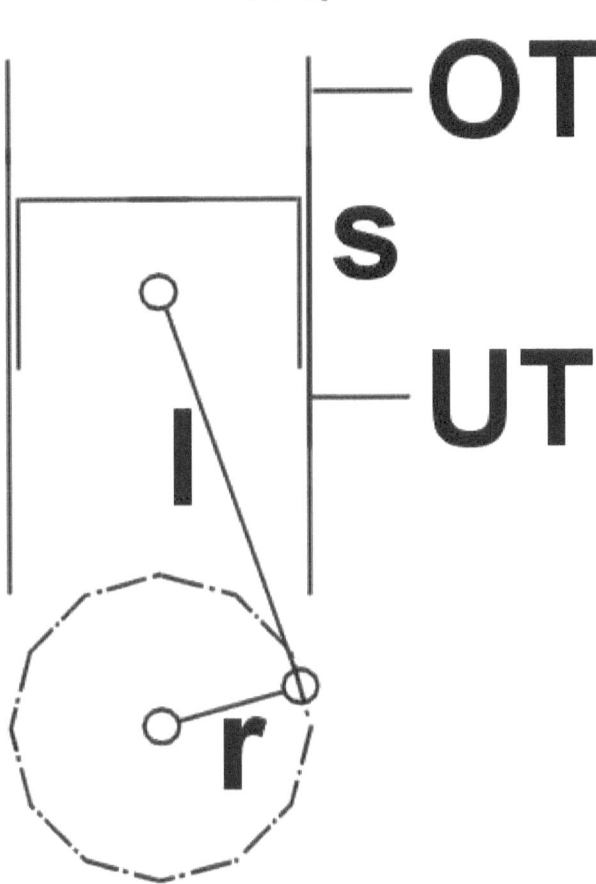

Beim Hubkolbenmotor muss zwischen Einzel- und Gesamthubraum unterschieden werden. Beide sind halt nur beim Einzylinder gleich. Übrigens gibt es auch keine uns bekannten Motoren, bei denen die beteiligten Zylinder unterschiedliche Hubräume hätten. Vermutlich auch, weil die Kurbelwelle und der Massenausgleich das schlecht auffangen könnten.

$$V_h = \frac{d^2 \cdot \pi}{4} \cdot s$$

Also ergibt sich der Gesamthubraum als Produkt des Einzelhubraums mit der Zahl der Zylinder. Und wenn man den Einzelhubraum so betrachtet, ist das ein Teil des Zylinderraums, wenn der Kolben auf UT steht. Genauer gesagt ist es der Raum zwischen UT und OT. Der direkte Abstand zwischen beiden wird als Hub bezeichnet. Und obwohl es sich bei dem Hubraum um ein zylinderförmiges Volumen handelt, bezeichnet man hier den Durchmesser als Bohrung.

$$\varepsilon = \frac{V_h + V_c}{V_c}$$

Relativ einfach, gemessen an dem, was danach kommt, verhält es sich mit dem Verdichtungsverhältnis. Während die Bedeutung von Bohrung und Hub heutzutage langsam nachlässt, ist die des Verdichtungsverhältnisses immer noch oder wieder recht hoch. Es ist wie so ein Seismograph, der einem ein wenig über die Konzeption des Motors verrät.

Es verrät uns zunächst einmal, dass der Hubraum als Raum zwischen OT und UT nicht der einzige Raum im Zylinder ist. Zwischen OT und dem Zylinderkopf ist stets noch ein wenig Platz. Dieser Raum wird oben in der Formel als VC (Kompressionsraum) bezeichnet. Im Grunde ist die Formel ganz einfach zu verstehen, weil sie nämlich die beiden Volumen vor und nach dem Verdichtungstakt zueinander ins Verhältnis setzt.

Früher ließ das Verdichtungsverhältnis gewisse Rückschlüsse auf erwartete Spritqualität und Güte des Brennraums zu. Wurde beispielsweise Super- statt Normalbenzin verlangt und nur eine relativ geringe Verdichtung von sagen wir 8,5 bis 9,0 : 1 angegeben, dann deutete das ein wenig auf einen nicht ganz optimalen Brennraum hin. Beim Dieselmotor waren Möglichkeiten für Rückschlüsse begrenzter.

Das hat sich mit der Aufladung geändert. Nehmen Sie z.B. einen Diesel, der trotz 16,5 : 1 einen Turbolader hat, dann kann man die etwas schwächere Aufladung geradezu fühlen. Vorteil: Er ist nicht so sehr auf den Lader angewiesen, hat dem entsprechend auch nur mit einem etwas kleineren Turboloch zu kämpfen, wenn überhaupt.

Umgekehrt z.B. Mazda mit zurzeit 14 : 1 Verdichtung, die übrigens gleich dem des Benziners ist. Dieser Diesel hat vermutlich viel Turbo-Druck. Hier sollte man sich die Drehmomentkurve im unteren Drehzahlbereich anschauen und ihn bei der Probefahrt auf ein Turboloch hin provozieren. Wenn er diese Hürde allerdings nimmt, also nicht immer hochgedreht werden muss, um spontan zu beschleunigen, kann man sich auf einen effizienten Motor freuen.

▢▮▮▮ Motorsteuerung 1

Jahrzehnte lang wurde als Ideal die Situation so angestrebt, dass möglichst viel Luft, früher beim Benziner noch Luft-Kraftstoff-Gemisch, in den Motor einströmte und dort bis zur möglichst vollständigen Verbrennung auch blieb. Leider war das nur in einem Drehzahlbereich möglich, nämlich dem des größten Drehmoments.

Oberhalb dieser Drehzahl war die Zeit für eine möglichst vollständige Füllung zu knapp und unterhalb war sie zu lang, so dass wieder Luft bzw. Luft-Kraftstoff-Gemisch zurück in den Ansaugtrakt entwich. Daraus ergaben sich im Prinzip zwei verschiedene Konzepte, der Gebrauchs- und der Rennmotor.

Letzterer in seiner reinsten Form war schon daran zu erkennen, dass sein Drehmoment im unteren Drehzahlbereich grottenschlecht war, man also schon beim Anfahren mit viel Gas versuchen musste, möglichst schnell in den Bereich hoher Drehzahlen zu kommen und möglichst auch dort zu bleiben.

Das bedingte natürlich, dass der Motor schon vor dem Start auf Betriebstemperatur gebracht werden musste. So waren Motoren hoher Hubraumleistung im Alltag kaum zu gebrauchen. Es bildete sich also eine sportliche Mittelschicht heraus, die auf die ganz hohe Leistungsausbeute verzichtete.

Nein, von einer Aufladung für Motoren im Alltagsbetrieb war auch beim Dieselmotor noch nicht die Rede, obwohl der durch sein geringeres Drehzahlband wohl eher in der Lage gewesen wäre, dessen Vorteile zu nutzen. Zu schlecht die Anpassung an einen einigermaßen harmonischen Fahrbetrieb.

Was blieb, war der Versuch einer dynamischen Aufladung bzw. Abführung der Altgase. Die Frischgase sollten also beim Einströmen so viel Schwung entwickeln, dass sie sich anschließend durch die Massenträgheit möglichst zahlreich im Brennraum versammelten. Gleichzeitig zogen sich die Altgase gegenseitig aus den Zylindern.

Jetzt haben wir schon längst vorausgesetzt, dass vor dem Einlassventil alles optimal ist und es auch selbst die größtmögliche Öffnung vollbringt. Dazu sollte es weit öffnen, aber gleichzeitig nicht mit dem Kolben kollidieren. Kontraproduktiv war hier das recht hohe Verdichtungsverhältnis von Rennmotoren jener Zeit.

Auch braucht dann der Nocken einen großen Hub, was die Steilheit seiner Ablauf- oder Abrollbahn beeinflusst. Allerdings würde man Pi mal Daumen sagen, die Öffnung muss nicht unbedingt größer sein als die kleinste auf dem Weg dorthin. Die am geöffneten Ventil können Sie ausrechnen, aber anderen?

Sehr bekannt geworden ist die Möglichkeit, mehr als ein Ein- oder Auslassventil zu nehmen. Man ist in der Serie insgesamt bis fünf gekommen, was sich mit dem Platz für den Injektor der Direkteinspritzung wieder auf vier reduzierte. Etwas weniger bekannt, aber außerordentlich wirkungsvoll ist es, die Bohrung auf Kosten des Kolbenhubs zu vergrößern.

Trotzdem bildet ja auch jedes Ventil selbst mit seiner Schaftführung ein deutliches Hindernis. Auch wären die Turbulenzen solcher 'Störungen' zu berücksichtigen. Unbekannt, ob so etwas überhaupt berechenbar ist oder war. Vermutlich lässt es sich nur durch Versuch und Irrtum genauer spezifizieren.

Allein die Rohrlängen stellen schon ein Mirakel dar. Sicherlich sind größere für die tiefen und kleinere für die hohen Drehzahlen zuträglich. Und das

Problem ist man dann durch allerlei Konstruktionen zu der Veränderung während des Hochdrehens oder Abbremsens von Motordrehzahlen angegangen.

Und überhaupt, wie soll denn der Ansaugkanal in den Motor hineingeführt werden? Nehmen Sie aufrechtstehende Zylinder, von oben oder von der Seite? Umfangreiche Tests z.B. bei Cosworth haben einen recht erfolgreichen Kompromiss zwischen beiden Extremen hervorgebracht.

▢||| Motorsteuerung 2

Lassen Sie uns über Gradzahlen reden, denn nur auf solche verstehen sich Tuner im Bereich der Motorsteuerung. Nur kurz zur Wiederholung: Insgesamt verläuft ein Arbeitsspiel beim Viertaktmotor über 720°. Wenn Sie also so einen Motor mit einer 320°-Nockenwelle ausrüsten, so ist der Einlasskanal fast über die Hälfte des Arbeitsspiels geöffnet.

Jetzt muss also über die restlichen 400° der Zylinderraum zur Verdichtung und zum Arbeiten eigentlich vollständig geschlossen sein, ganz zu schweigen von der Tatsache, dass irgendwann auch noch der Abgaskanal eigentlich alleine geöffnet sein sollte, da sonst Abgas ins Frischgas strömen könnte.

Später hat man das für die sogenannte innere Abgasrückführung genutzt. Aber zurück zu jenem Wahnsinn, vielleicht sogar einen kreuzbraven Motor ohne irgendwelche Maßnahmen mit so einer oder zwei Nockenwellen auszurüsten. Da muss ein grundsätzlicher Irrtum im Verständnis von Viertaktmotoren vorliegen.

Das würde bedeuten, dass diese das Ventil schon sehr früh im Auslasstakt beginnt zu öffnen und über den Einlasstakt hinweg bis in den Verdichtungstakt hinein geöffnet lässt. Zur Ehrenrettung sei hier allerdings erwähnt, dass die 320° bereits zu zählen beginnen, wenn das Ventil einen ersten Rück zur Öffnung vollbringt.

Klar, eine solche Nockenwelle ist konzipiert für sehr hohe Drehzahlen. Da scheint es egal, ob Altgase zurück in die Füllung gelangen, bzw. passiert das in umso geringerem Maße, als die Frischgase schon eine enorme Geschwindigkeit beim Befüllen der anderen Zylinder aufgebaut haben. Sie merken schon, man muss das Ganze spätestens dann dynamisch betrachten.

Bleiben wir also beim 'So viel Leistung wie möglich' und verlassen diejenigen, die statt Mehrleistung auch noch die guten Seiten ihres Motors verschandeln. Hier gibt es eine einfache Regel, nämlich so viel Ventilhub wie möglich zu generieren. Dabei scheint die Öffnung immer noch kleiner als die kleinste im Ansaugtrakt zu sein.

Zumal man den natürlich gleichzeitig umgestaltet. Und da man verschiedenes ausprobiert einschließlich dem Öffnen und eventuellen Polieren der Kanäle, wird man schon sehen, wie viel was bringt. Wozu gibt es schließlich Motorenprüfstände? Immerhin besser für diesen Zweck geeignet als Fahren auf der Rolle.

Irgendwann kamen Restriktoren, also definierte Verengungen im Ansaugtrakt zur Begrenzung der Leistung auf, vermutlich zunächst in der Formel 3. Dadurch sollten auch die Kosten gesenkt und die Motoren seriennäher bleiben können. Auch hier galt aber offensichtlich: So viel Ventilhub wie möglich'. Nur die Steuerzeiten wurden angepasst, was den Motor auch in etwas tieferen Drehzahlen fahrbarer machte.

Tuner, die eine veränderte Nockenwelle herstellen wollen, brauchen ein Muster. In der ersten Stufe mit sagen wir 288° kann das die Serienwelle sein. Auch hier lässt sich ein größerer Ventilhub realisieren, indem man den Grundkreis verkleinert. Allerdings muss man dann den Rest des Ventiltriebs anpassen und beachten, dass schon im Serienzustand sich die Ventile bei Überschneidung bis auf weniger als 1 mm dem Kolben nähern können.

Das ist nötig, weil Hydrostößel das in der Regel nicht mehr ausgleichen können. Es ist bei Tassenstößels trotzdem noch einfacher als bei Kipp- oder Schlepphebeln. Übrigens kann man es bei einem solchen Umbau nach umsichtiger Information vielleicht sogar noch wagen, die originalen Ventilfedern zu verwenden.

Das wird alles anders z.B. ab einer 300°-Nockenwelle. Hier muss eine neue Welle zugekauft werden. Die ist umso teurer, je seltener das Modell, weil man natürlich den Winkel und die Kontur der Nocken in Bezug zum Antrieb und eventueller Sensorik erst einmal bei der Serie erfassen muss.

Nockenwellen entstehen einteilig ganz und als Nocken auf ein Rohr aufgeschrumpft aus Werkzeugstahl, während das Rohr dann aus einem normalen hochwertigen Stahl gefertigt wird. Der Halt der Nocken kommt z.B. durch Erwärmung bzw. Abkühlung oder durch einen besonderen hydraulisch erzeugten Druck im Rohr.

▫▥ Kurbelgehäuseentlüftung

Vereinfacht gesagt geht es darum, den Überdruck aus dem Kurbelgehäuse los zu werden. Jetzt werden Sie sagen: Nichts leichter als das, wir bohren irgendwo ein Loch in die Ölwanne oder in den unteren Teil des Motorblocks, möglichst so, dass weder bei extremer Schräglage noch scharfem Bremsen bzw. Beschleunigen dort Öl austritt.

Und wenn es irgendwo eine Verbindung zwischen Kurbelgehäuse und Raum oben im Zylinderkopf gibt, z.B. durch Stößelstangen beim Oldtimer oder Lkw-Motor oder eine Steuerkette, dann kann ja auch im Ventildeckel eine solche Bohrung angebracht werden. Gibt es, wie vielleicht bei Zahnriemen, keine solche Verbindung, dann muss eben der Motorblock samt Dichtung durchbohrt werden.

Wir wollen ja nicht meckern, aber da kommt dann immer noch Öl raus. Nicht so viel wie bei einem direkten Auslauf, aber genug, um einerseits einen Verlust und andererseits viel Sauerei zu erzeugen. Warum? Weil die Kolben zur Kurbelwelle hin zwar nicht so viel, aber immerhin genug Luft verdichten und außerdem Kompression sich an den Kolben (-ringen) vorbei in den Raum des Kurbelgehäuses verabschiedet.

Das wäre ja nicht weiter schlimm, würde er dann auf dem Weg nach draußen nicht auch noch jedes Mal eine kleine Portion Motoröl mitnehmen. Die gelangte früher in die Umwelt und vergrößerte die Öl-Nachfüllmenge bei Motoren. Erste Maßnahme war, statt einer Bohrung eine Leitung anzusetzen, die z.B. mit einem Drahtnetz versehen war und zumindest langsam ansteigen musste, um so eingefangenes Motoröl wieder zurückzuführen.

Zusammen mit den stärkeren Umweltregeln durfte die dann nicht mehr nach draußen geführt werden, sondern musste im Saugrohr münden, von wo aus der verbliebene Ölanteil verbrannt wurde. Das hat dann wiederum das Abgas beeinflusst, weswegen die Bemühungen um eine Rückführung des Öls verstärkt wurden. Daraus ist dann z.B. eine eigene Steigleitung aus dem Ölsumpf mit allerlei Federn oder Sieben entstanden.

Lohn der Mühen, nicht nur der Ölverbrauch sank, auch die Abgase profitierten. Es folgten trotzdem Pleiten, Pech und Pannen. Eine erwischte

VW, wie sollte es anders sein. Offenbar enthalten diese Gase auch Wasser, das bei der Verbrennung entsteht. Wird der Motor stets warm genug, verdampft es. Wenn nicht, bleibt es an den Widerständen der Leitung zum Ansaugrohr hängen. Genau das kann durch Bildung von Eis im Winter zu einer kleinen Katastrophe führen.

Bestimmte Polo-Motoren wurden davon erwischt, natürlich vermehrt solche, die auch im Winter viele Kurzstrecken absolvierten. Können Sie sich vorstellen, was passiert, wenn diese Leitung zufriert? So viel weißen Rauch haben Sie noch nie aus dem Auspuff quellen sehen. Ein Motor, der seinen inneren Druck nicht mehr loswird, zerstört sich sozusagen selbst.

Hat denn die Entlüftung des Kurbelgehäuses geklappt, nachdem VW den Fehler z.B. durch Beseitigung der Hindernisse behoben hat? Im Prinzip schon. Allerdings nur, bis die Aufladung kam, zunächst beim Diesel, dann auch beim Benziner. Von wegen Unterdruck im sogenannten Saugrohr. Gegendruck wäre die Folge in den meisten Betriebsbereichen der Aufladung gewesen, wenn man nichts unternommen hätte.

Ideal wäre ein relativ gleichmäßiger Unterdruck im Kurbelgehäuse. Ist der zu hoch, wird irgendwo Luft gezogen, wo das nicht passieren soll, z.B. an Simmerringen, deren Dichtlippen nach innen zeigen und die damit leicht zu öffnen sind. Niemand weiß auch, wie stark so ein Unterdruck für mehr Bypass an den Kolbenringen vorbei sorgen kann.

Früher musste auch noch die Öffnung am Ölmessstab mitberücksichtigt werden. Heute gibt es ihn entweder nicht mehr oder er ist vielleicht abgedichtet. Deshalb immer sorgfältig bis zum Anschlag hineinschieben. Natürlich ist zu wenig Unterdruck auch verheerend, weil dann alles unter Druck gerät, Folgen siehe oben.

Deshalb gibt es Umschalter, die bzw. deren Membrane Sie in den Bildern oben sehen. Es kommen neue Ansatzpunkte für die Entlüftungsleitung in Frage, immer auf der Suche nach relativ gleichbleibender oder mit der Drehzahl leicht steigender Wirkung, die man auch messen kann (Video unten).

Müssen allerdings die sogenannten Blow-By-Gase nach Ansaugung noch durch den Turbolader oder gar den Ladeluftkühler, dann können sie mit der Zeit durch ihre Hinterlassenschaften Funktionsstörungen herbeiführen. Ein weiterer Grund, diese Abgase z.B. durch Kreiselpumpen von Ölresten zu befreien.

▢▮▮▮ Atkinson/Miller

Abbildung 83

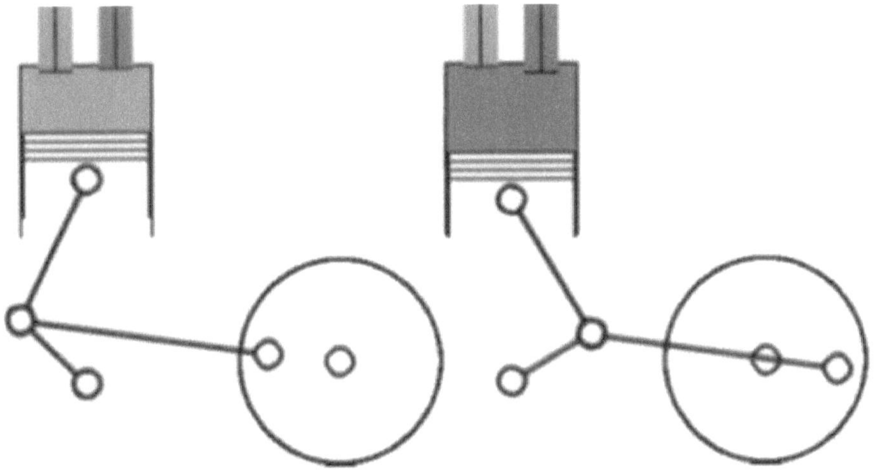

kfz-tech.de/VVe1

Schematisch dargestellt ist hier der deutlich kompliziertere Aufbau eines Viertaktmotors nach dem von James Atkinson im Jahr 1882 erfundenen Prinzip. Die Kurbelwelle, die dann auch das Drehmoment weiter an die Kupplung bzw. das Getriebe gibt, ist jeweils rechts vom eigentlichen Motor angeordnet.

Deutlich wird das Atkinson-Prinzip, wenn man die höhere Stellung des Kolbens am Ende des Ansaugtakts links mit der tieferen am Ende des Arbeitstakts rechts anschaut. Durch die komplizierte Mechanik wird ein geringeres Verdichtungs- gegenüber dem Expansionsverhältnis erreicht.

Nimmt man also einen bestimmten Weg des Kolbens zum Verdichten als gegeben an, so ist der Weg des gleichen Kolbens während des Arbeitstaktes länger, spricht, der untere Totpunkt ist tiefer angeordnet. Die (neue) Kurbelwelle zieht das untere Ende des Pleuel stärker nach rechts, als sie es vorher nach links gedrückt hat.

Abbildung 84

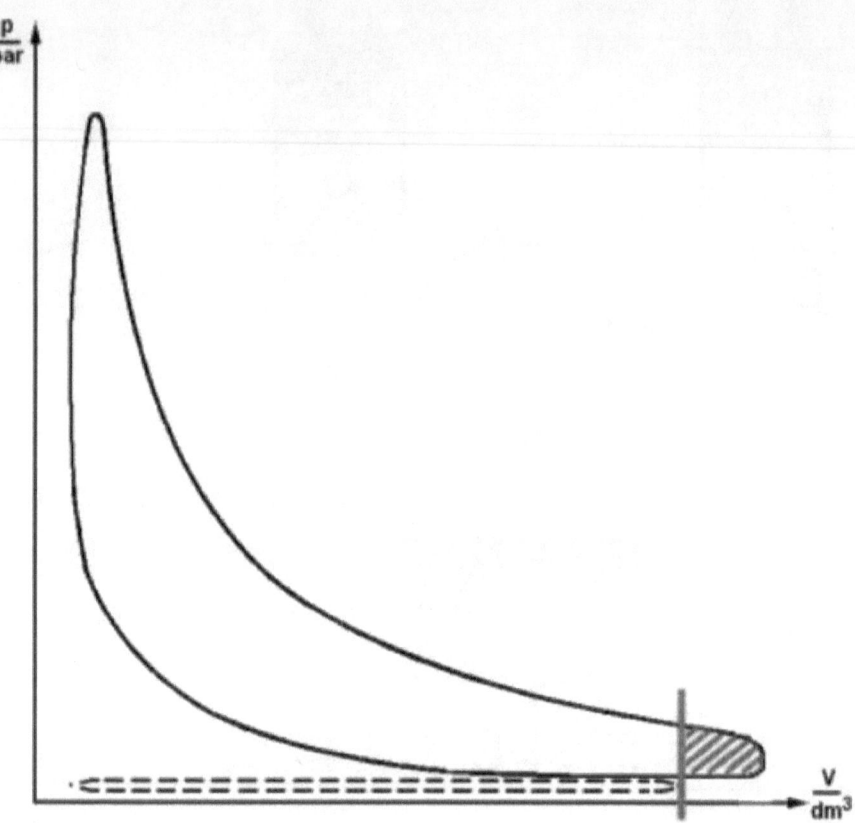

Und wozu macht man das? Es geht darum, die Energie des verbrennenden Gases länger und damit effizienter zu nutzen. Im Diagramm oben ist der längere Hub während der Expansion gegenüber dem kürzeren in der Ladeschleife unten deutlich erkennbar. Es ist der Restdruck am Ende des Arbeitstaktes, der hier noch etwas länger auf den Kolben wirkt.

Als Folge davon gelangt das Abgas auch mit einem geringeren Druck in den Auslasskanal. Eine bessere Ausnutzung der dem Kraftstoff innerwohnende Energie spart Sprit. Als dann der Dieselmotor erfunden worden war, hat man das Prinzip auch bei diesem für möglich gehalten. Aber durchgesetzt hat es sich wegen des komplizierten Kurbeltriebs nie.

Das 1947 zum Patent angemeldete Motorenkonzept von Ralph Miller benutzt das Prinzip von Atkinson ohne dessen komplizierten Aufbau. Erst richtig zum Durchbruch verholfen hat diesem Prinzip die Firma Toyota. Zunächst einmal ging es darum, nicht der Expansionsteil zu verlängern, sondern den Verdichtungsteil zu verkürzen.

Das lässt sich sehr viel einfacher durch die Ventilsteuerung realisieren, nämlich durch ein späteres Schließen des Einlassventils. Leider wird das oft so dargestellt, als wäre eine geringere Verdichtung nun genau das, worauf die Menschheit gewartet hätte. Dabei könnten auch weniger begabte Tuner ein Lied von der höheren Leistung durch höhere Verdichtung singen.

Wie löst sich der Konflikt auf? Schaut man sich die Daten des Prius II an, dann entdeckt man neben einer variablen Ventilsteuerung eine Verdichtung von 13 : 1, was für die Zeit um 2000 herum schon ein Novum darstellte. Spätestens ab jetzt muss man die tatsächliche von der geometrischen Verdichtung trennen. Mit der Angabe scheint also erstere gemeint worden sein.

Damit kommt der Motor immer noch an seine Klopfgrenze, auch wenn ihm etwas Kompression weggenommen wird. Allerdings erreicht er nicht die volle mögliche Füllung in diesem Fall eines Motors mit 1,8 Liter Hubraum. Damit kann sich das verbrannte Gas im Zylinder länger ausdehnen als in einem normalen Motor dieser Größe.

Allerdings wirkt er in den Bereichen schlaff, in denen er quasi mit weniger Hubraum arbeitet. Und da kommt die Hybridtechnik ins Spiel, deren Elektromotor ihm dann zu einer sportlicheren Gangart verhelfen kann. Effektiver, aber noch komplizierter wird es durch die variable Übersetzung zwischen Verbrennungsmotor und Antrieb, denn der muss nicht umständlich herunterschalten.

Möglich ist es sogar, auf die Anreicherung des Verbrenners teilweise zu verzichten, die ja ansonsten diesen Motortyp schon fast seit seiner Geburt bei jedem Gas geben begleitet. Und dann ist da noch die variable Ventilsteuerung, die dem Motor z.B. bei Volllast die entsprechende Leistungsfähigkeit zurückgeben kann. Dann hat die Phase mit dem geringen Verbrauch natürlich ihr Ende gefunden.

Aber so fährt man eine Toyota Prius auch nicht. Bleibt man maßvoll, so ist durch das Atkinson/Miller-Konzept ein deutlicher Unterschied zu Benziner-Kollegen zu spüren, wovon man ja normalerweise bei der größeren Masse eines Hybridantriebs z.B. auf der Autobahn eher das Gegenteil annehmen würde.

Spannend ist an dem Ganzen natürlich die variable Verdichtung. Die muss nämlich nicht immer reduziert bleiben, um Klopfen zu verhindern. Stellen Sie sich Kaltlaufphasen vor, in denen so ein Vorgehen ebenfalls deutlich sparen würde. Im Gegenteil, eine noch höhere geometrische Verdichtung wäre denkbar und wird auch schon realisiert.

Abbildung 85

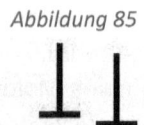

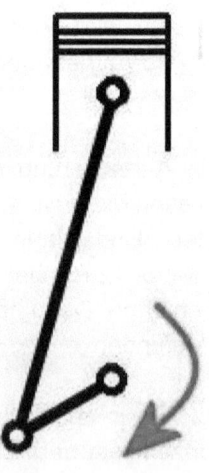

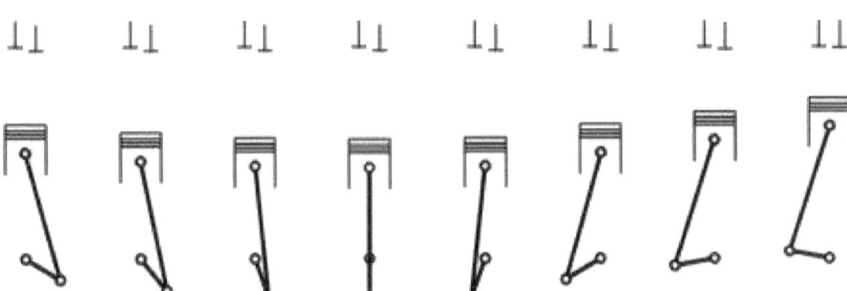

Abbildung 86

▢▎▏▎ Kolbengeschwindigkeit

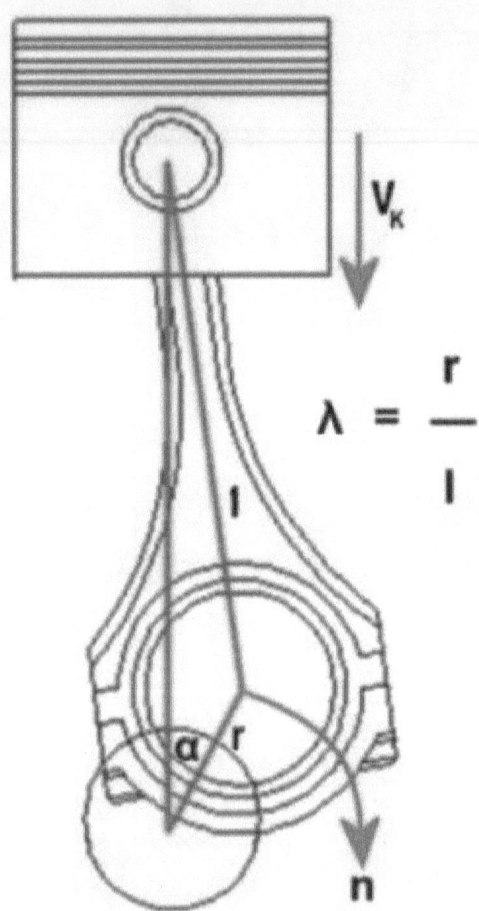

Abbildung 87

Ja, Daten zu interpretieren und miteinander zu vergleichen, bringt fast immer etwas. Noch viel schöner ist es, wenn man im Fall des erwähnten Dieselmotors mit der für sein Bauprinzip sehr geringen Verdichtung den Ladedruck hätte. Und noch viel besser wäre die Ladedruck-Kurve. Dann könnte man sehen, in welchen Drehzahlbereichen ein zu hoher Druck weggenommen wird. Als Ersatz ist die Drehmoment-Kurve nicht schlecht geeignet und meist auch verfügbar.

So, das war jetzt hoffentlich noch relativ einfach. Jetzt wollen wir uns der Kolbengeschwindigkeit widmen. Eine über alle Bewegungen des Kurbeltriebs gemittelte Kolbengeschwindigkeit wird berechnet nach der Formel:

$$v_m = \frac{s \cdot n}{30.000}$$

Man kann gewisse Aussagen machen über die Belastung des Motors durch Drehzahl. Früher galt lange Zeit 16 m/s als Grenzwert. Was darüber lag, konnte den Motor gefährden. Obwohl es sehr bekannte kleine japanische Triebwerke gab, die angeblich stundenlang in einem Bereich darüber funktionierten.

Man kann natürlich einen Motor einfach mit erheblich niedrigerem Drehzahlniveau fahren, entbehrt dann aber die enorme Leistungsfreude, die hinter einem Konzept mit höherer Drehzahl steckt. Heute liegt die Grenze durch Fortschritte im Motorenbau bei 20 m/s. Motoren der Formel 1 haben bis vor einiger Zeit noch bis zu 25 m/s geschafft, aber das ist inzwischen auch schon Vergangenheit.

Wenn man sich statt für die gemittelte für die Kolbengeschwindigkeit in jedem Punkt interessiert, muss man zwangsläufig den jeweiligen Kurbelwinkel als Eingangswert nehmen.

$$\dot{s} \approx 2 \cdot \pi \cdot n \cdot r \cdot \left(\sin \alpha + \frac{1}{2} \cdot \frac{l}{r} \cdot \sin 2\alpha\right)$$

In einem einfachen Fall ist der Kurbelwinkel 90°, immer von OT aus gemessen. Wenn wir also wissen wollen, welche Geschwindigkeit der Kolben 90° nach OT hat, bestimmen wir den Sinus (?) für ?=90° mit 1 und den sin (2?) mit 0. Wenn Sie am Rechner sitzen, brauchen Sie nur den üblichen Taschenrechner aufzurufen und in dessen Menü Ansichten den wissenschaftlichen zu wählen. Dort können Sie dann den jeweiligen Winkel angeben und 'sin' anklicken.

Wer in der Mathematik die Vereinfachung mag, erkennt sofort, dass die Null für sin2? den gesamten rechten Teil der Klammer Null werden lässt. Das ist auch logisch, denn steht der Kolben 90° vor oder nach OT, entspricht seine Geschwindigkeit exakt der des unteren Pleuelauges, egal wie lang das Pleuel ist.

Wenn wir jetzt einen Hub von 86 mm annehmen, wäre r, die Kröpfung an der Kurbelwelle, genau halb so groß, also 43 mm (siehe Bild ganz oben). Damit ergeben sich aus der verbleibenden Gleichung 1.620.240 mm/min. Teilt man durch 1.000 und anschließend durch 60 erhält man ca. 27 m/s für die Kolbengeschwindigkeit exakt 90° vor bzw. nach OT.

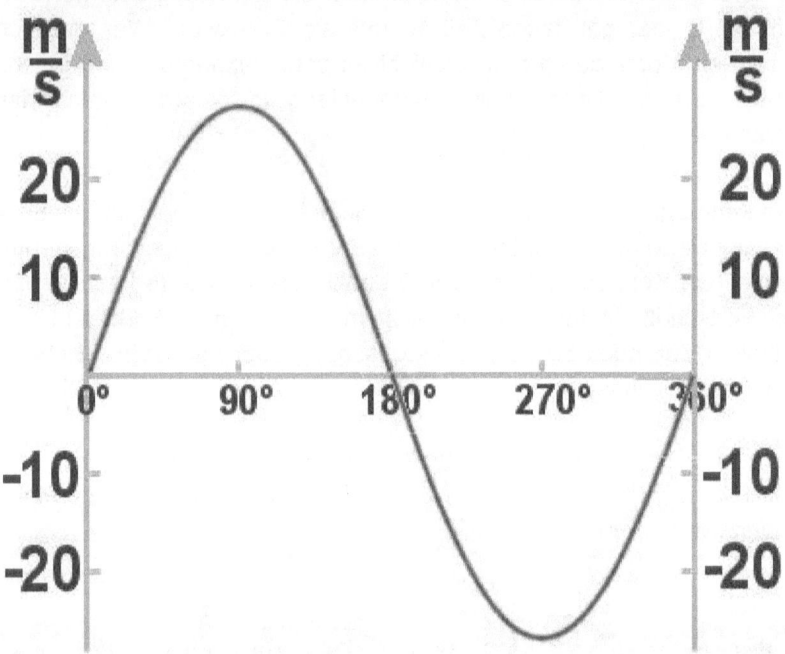

Hier haben Sie das Rechenergebnis noch einmal in Diagrammform. Die Kolbengeschwindigkeit steigt an von Null auf 27 m/s, was mit 3,6 multipliziert fast 100 km/h ergibt. Der Kolben schafft also die Null auf Hundert in 21,5 mm. Wenn er 6000 Umdrehungen in einer Minute macht, sind das 100 pro Sekunde. Das wären zehn Millisekunden (1/100 s) für eine Umdrehung.

◱||| Effektive Leistung

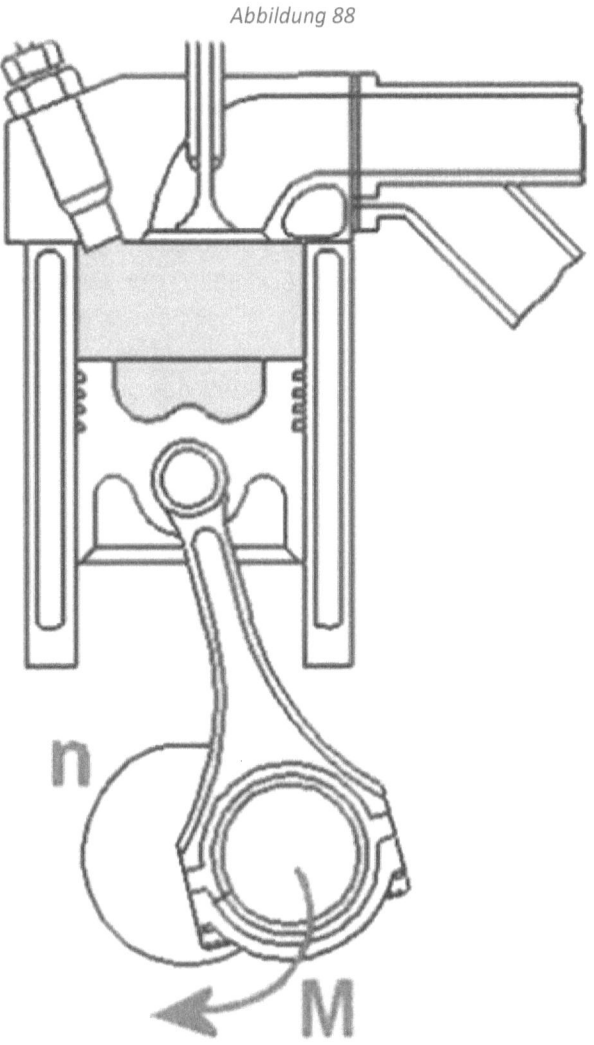

Abbildung 88

Der Kolben beschleunigt also in 2,5 Millisekunden von Null auf etwa 100 km/h. Verglichen mit den absolut stärksten Sportwagen wäre das eine mehr als tausendfache Beschleunigung. Jetzt können Sie vielleicht erahnen, warum man jedes Gramm unnötiges Kolbengewicht gerne einspart und auch Ungleichheiten zwischen den Kolben fast bis aufs Gramm bekämpft.

Natürlich haben wir die Kurve oben nicht vollständig berechnet, sondern nur die Maxima und Minima. Wenn Sie die Länge der Pleuelstange l mit 130 mm nicht zu lang annehmen, können Sie das ab jetzt für jeden Punkt der Kurve tun. Sie sehen dabei, dass der zweite Teil der Klammer so eine Art Korrektur für die Zwischenstellungen bildet.

Dieser Teil in der Klammer erklärt auch, warum in der Gleichung kein Gleichheitszeichen verwendet wird. Er ist Teil einer binomischen Reihe, die man nach der zweiten Ordnung abgebrochen hat. Man hat also eine Vereinfachung zum leichteren Rechnen geschaffen, die aber das Rechenergebnis nur unwesentlich verfälscht.

Ach ja, dann ist da noch der Punkt über dem 's'. Der wird immer dann gerne verwendet, wenn man einen Wert über der Zeit betrachtet. Es sind halt Meter pro Sekunde, die sich für die jeweilige Kolbengeschwindigkeit ergeben. Man könnte z.B. bei der Fahrgeschwindigkeit statt des Bezeichners 'v' ebenfalls ein 's' mit einem Punkt als Weg über der Zeit verwenden.

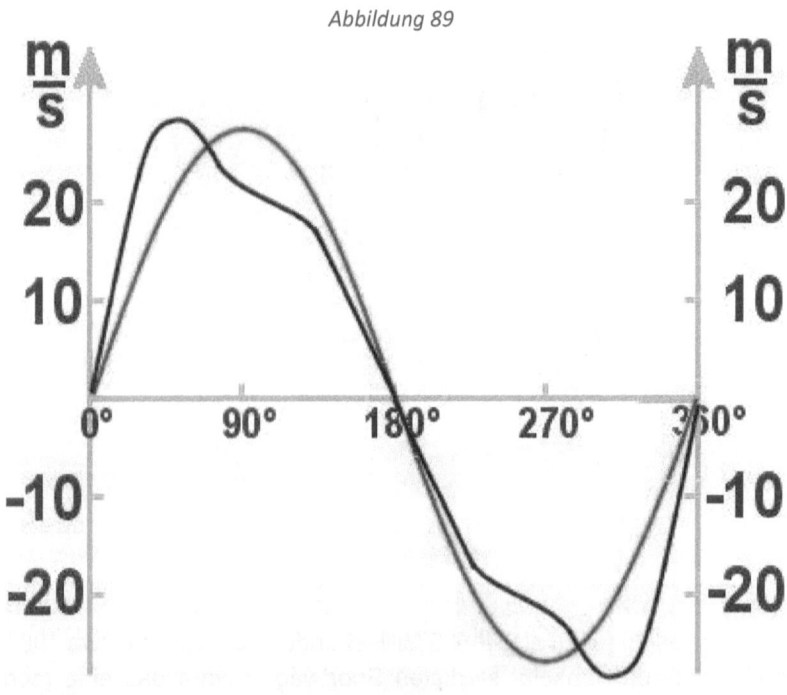

Abbildung 89

Auch nicht ohne Bedeutung für die Auslegung eines Motors ist die Pleuellänge l. Eigentlich würde man sie gern so kurz wie nur eben möglich halten, weil sie die Höhe des Motors mitbestimmt. Aber das Bild oben zeigt, dass kürzest mögliche Pleuel (blaue Kurve) den Punkt der maximalen Kolbengeschwindigkeit nicht nur nach vorn verlegen, sondern diese sogar noch erhöhen können.

Die bis jetzt angestellten Betrachtungen beziehen sich eher auf die Haltbarkeit des Hubkolbenmotors und auf dessen Schwingungsverhalten. Wir wollen uns jetzt der nicht ganz unwichtigen Leistungsabgabe des Motors widmen. Wobei eines klar sein muss, Leistung entsteht aus Drehmoment und Drehzahl:

$$P_e = M \cdot n$$

Übrigens, das kleine 'e' steht für 'effektiv', was so gemeint ist, wie es auch im wirklichen Leben gebraucht wird. Also das, was wirklich hinten rauskommt, sprich an der Kupplung. Man kann die Bedeutung des Drehmoments gar nicht hoch genug einschätzen. Hier nur so viel, dass es direkt abhängt von der Kolbenkraft und die wiederum vom Druck auf den Kolben:

$$F = A \cdot p$$

Wovon aber hängt der Druck im Zylinder ab? Da er durch die Verbrennung einer bestimmten Menge eines Gemischs aus Luft und Kraftstoff entsteht, sollte dieses, wenn Verhältnis und Durchmischung optimal sind, so groß wie möglich sein. Erreicht es den Brennraum nur durch Ansaugen, dann ist dessen Größe bzw. Hubraum entscheidend. An dieser Stelle sei noch einmal darauf verwiesen, dass Brenn- und Hubraum nicht dasselbe sind.

◨⃗ Indizierte Leistung

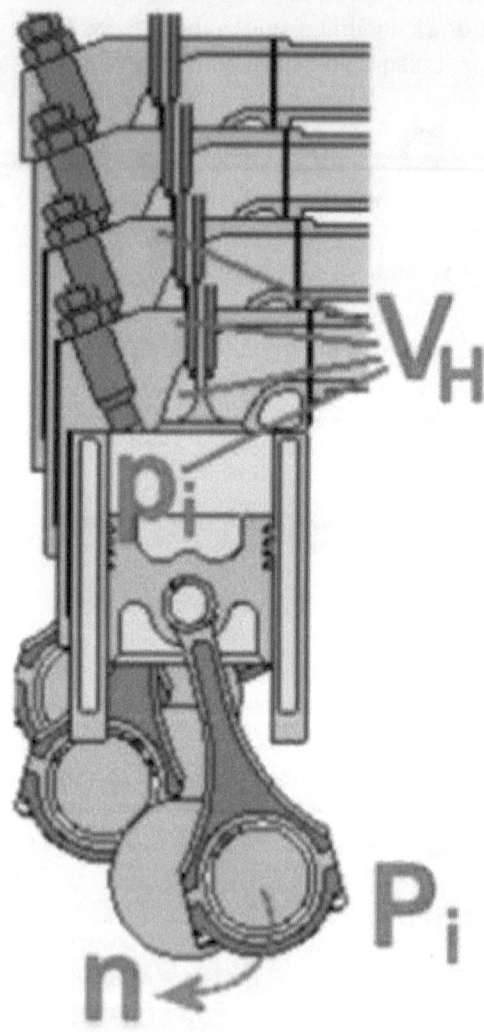

Abbildung 90

Sind wir jetzt schlauer? Wir haben den Druck auf den Kolben als entscheidenden Faktor ausgemacht und mit ihm beim Saugmotor den Hubraum. Aber Druck ist auch von außen möglich, z.B. durch Aufladung. Ja sogar ein hohes Verdichtungsverhältnis kann in gewissem Maße helfen,

Drehmoment zu generieren. Sie sehen, die alte Formel, nach der Hubraum durch nichts zu ersetzen sei, außer durch noch mehr Hubraum, gilt nicht mehr uneingeschränkt.

Womit wir bei der Leistung angekommen wären. Später wird noch erklärt werden, dass hier die innere (indizierte) Leistung gemeint ist:

$$P = V_H \cdot p \cdot n$$

Hier sehen Sie in Formelsprache, was wir vorher schon gedanklich erarbeitet haben. Wobei hier für die Leistung die Motordrehzahl hinzugekommen ist. Hier wird deutlich, welchen anderen Charakter die Leistung gegenüber dem Drehmoment hat. Letzteres ist die schiere Drehkraft, während erstere sich auch dann noch vermehrt, wenn das Drehmoment bei steigender Drehzahl gleichbleibt oder sogar leicht absinkt.

Abbildung 91

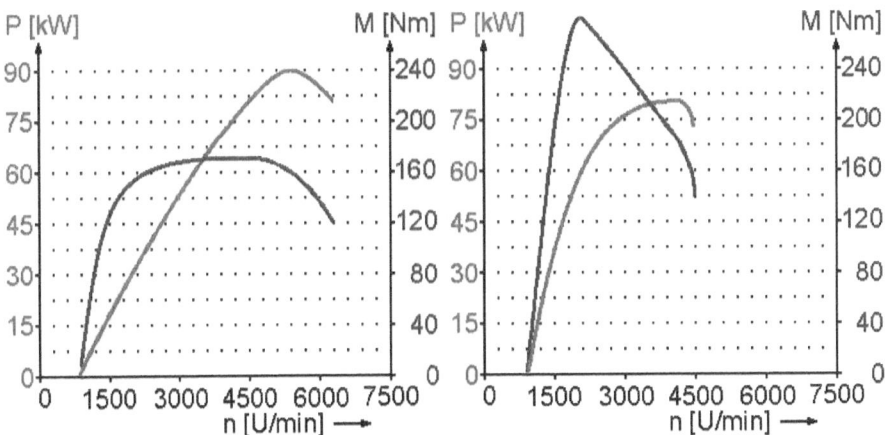

Hier haben Sie den Zusammenhang sowohl zwischen dem Drehmoment und der Drehzahl beim Benzinmotor links und Dieselmotor rechts. Es ist zu beachten, dass eine Kurve für das Drehmoment in dem Moment festlegt, in dem die für die Leistung gezeichnet ist und umgekehrt. D.h. beide hängen voneinander ab. Kenne ich also das Drehmoment eines Motors bei einer bestimmten Drehzahl, dann kenne ich auch seine Leistung an diesem Punkt.

Rechts sehen Sie den Beweis für die Behauptung, dass die Leistung ansteigen kann, obwohl das Drehmoment abnimmt. Das betrifft hier den Bereich zwischen 2000/min und 4000/min. Daraus resultiert das Hochdrehzahl-Konzept. Man versucht die Füllung durch allerlei Veränderungen in der Motorsteuerung trotz weniger Zeit noch einigermaßen beizubehalten und erntet eine mit der Drehzahl immer noch steigende Leistung. Allerdings ist beim linken Motor ab 5500/min und beim rechten ab 4200/min Schluss.

Schauen Sie sich in Ruhe die unterschiedliche Charakteristik der beiden in etwa hubraumgleichen Saugmotoren an. Rechts das früh ansteigende, gewaltigere Drehmoment-Potential und links der Benzinmotor, der ab einer gewissen Drehzahl erst richtig munter wird und schön nach oben herausdreht. Klar, dass z.B. der linke Motor für ein Motorrad wesentlich besser geeignet ist als der rechte.

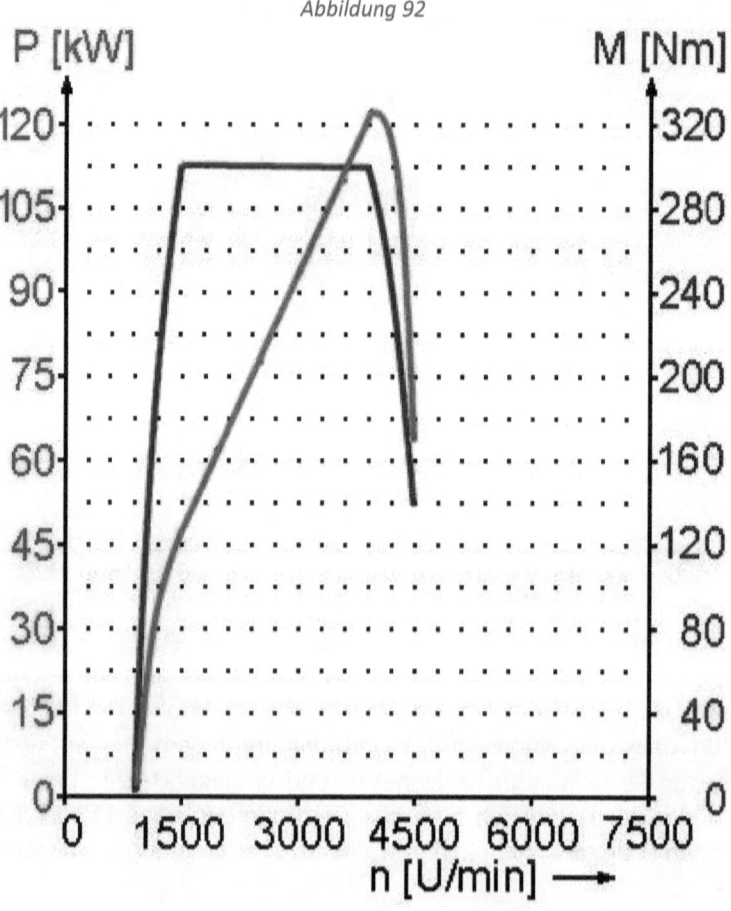

Abbildung 92

Hier haben wir das Diagramm eines Dieselmotors mit (Turbo-) Auflading. Typischerweise würden Sie in den Daten finden:

Maximales Drehmoment: 300 Nm bei 1500-4200/min

Das ist die Wirkung der Ladedruckregelung. Man legt den Lader so aus, dass er noch viel mehr Ladedruck erzeugen könnte und meidet die Spitze, die den Motor ernsthaft gefährden würde, durch Abregeln des Ladedrucks. Dadurch gewinnt man eine Charakteristik, die schon bei relativ niedrigen Drehzahlen genügend Drehmoment erzeugt. Die Schaltanzeige besorgt den Rest, indem sie unter etwa 1500/min zum Herunterschalten auffordert.

Abbildung 93

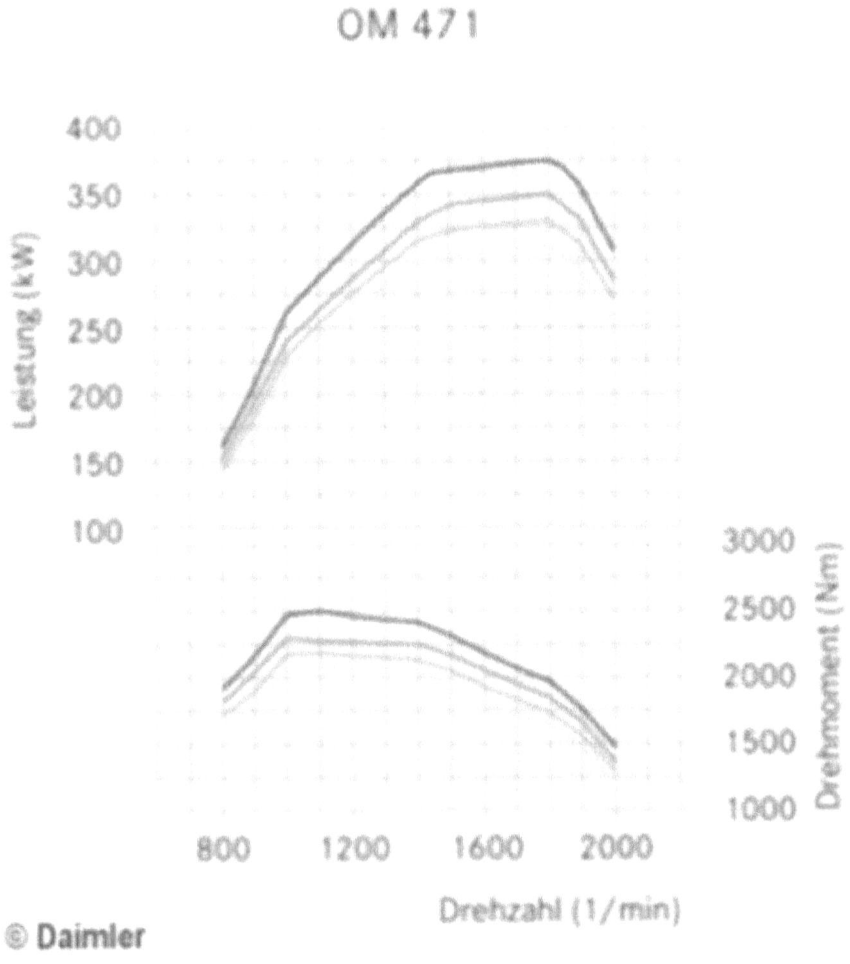

Hier haben Sie solch ein Diagramm vom Lkw-Hersteller mit noch feineren Eingriffen in den Ladedruck für drei verschiedene Motoren. D.h. so verschieden sind die drei gar nicht. Denn die Hersteller von Dieselmotoren auch beim Pkw gehen mehr und mehr dazu über, eventuell nur noch einen Hubraum anzubieten und diesen dann verschieden auszulegen. Dieser hier hat 6 Zylinder und 12,8 Liter.

Bevor wir zum so wichtig gewordenen Kraftstoffverbrauch kommen, hier noch kurz das in diesem Zusammenhang gar nicht so unwichtige Leistungsgewicht. Das birgt auch Möglichkeiten zu Missverständnissen, je nachdem, worauf es bezogen ist, auf den Motor oder das ganze Fahrzeug. Da gibt es wahnsinnige Unterschiede auch innerhalb der beiden Gruppen.

Hatte z.B. die immer wieder gern zitierte Formel 1 ein Fahrzeug-Leistungsgewicht von 1 kg/kW, so dürfte sich das mit der Saison 2014 wegen mehr Gewicht und weniger Leistung verschlechtert haben. Ein Schwerlastwagen ohne Ladung einschließlich Auflieger kommt dagegen auf 40 kg/kW, wobei dieser Wert angesichts der Vielfalt von Ausstattungen gar nicht so leicht zu ermitteln ist.

Nimmt man nur den Motor, dann wird die Spanne erheblich kleiner. Hier sind 0,15 - 2 kg/kW wohl realistische Werte, was sehr für die großen Motoren spricht. Das sind wichtige Kenndaten für die Güte von Ingenieursarbeit. Wobei eine allzu radikale Senkung des Leistungsgewichts immer auch den Verdacht auf mangelnde Haltbarkeit nährt. Allgemein hat aber die Haltbarkeit von Motoren besonders auch im Lkw- Bereich deutlich zugenommen.

Kommen wir zu einem früher so sehr betonten Wert, der Literleistung. Solange sich nur Änderungen auf den Ventiltrieb und die Einspritzung bezogen, war sie vielleicht noch interessant, aber wer will noch Motoren hinsichtlich kW pro Liter Hubraum vergleichen, seit sie aufgeladen werden, beim Dieselmotor fast nur noch in dieser Form eingebaut werden?

▙▍▎ Muschelkurven

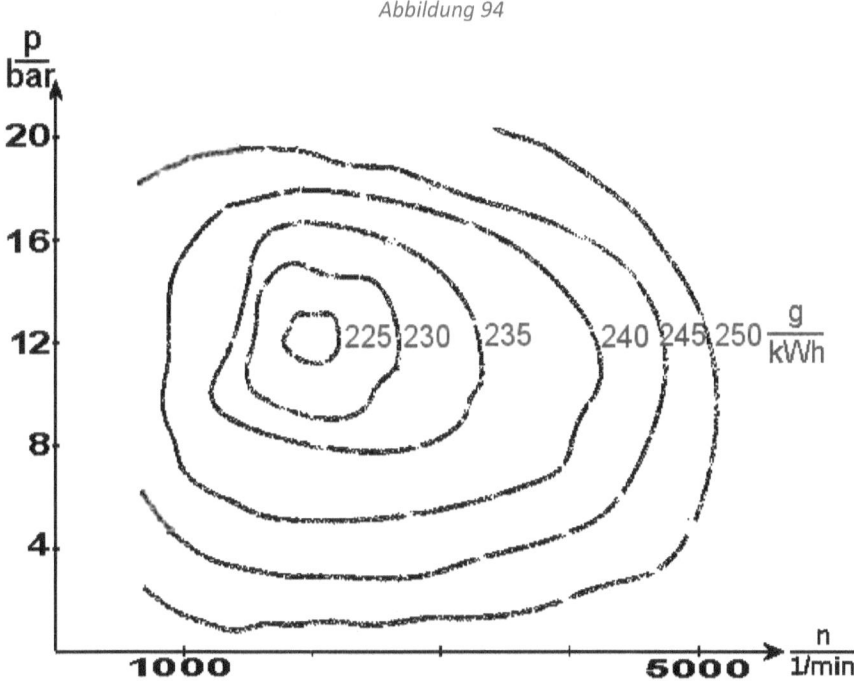

Abbildung 94

Stellen Sie sich die nicht so wirklich oft vorkommende Situation der Entwicklung einer neuen Karosserie und eines neuen Motors vor. Reichlich theoretisch deswegen, weil meist zu kleinen oder großen Anteilen auf Vorhandenes zurückgegriffen wird. Aber tun wir einmal so und stellen zusätzlich fest, dass die Entwicklung eines neuen Motors erheblich länger dauert.

Jetzt soll der Motor auf den Prüfstand und seine Drehmoment- bzw. Leistungskurve wird ermittelt. Wie aber soll das z.B. mit dem so wichtigen Kraftstoffverbrauch möglich sein? Probehalber in ein Fahrzeug einbauen, dürfte wohl etwas zu viel Aufwand bedeuten. Außerdem müsste das mit allen früheren und zukünftigen (im gleichen Fahrzeug) geschehen, unmöglich.

Wegen dieser Schwierigkeit gibt es den spezifischen Kraftstoffverbrauch, der den fairen Vergleich von Verbrennungsmotoren garantiert. Der wird angegeben in Gramm pro abgegebenes Kilowatt und Stunde. Läuft also ein Versuchsmotor 5 Stunden, leistet dabei 100 kW und verbraucht 110 kg

Kraftstoff, dann hätte er 220 g/kWh verbraucht, was übrigens ein relativ guter Wert wäre.

Nein, in Liter können wir den Kraftstoffverbrauch nicht gebrauchen, weil man die im Kraftstoff enthaltene Energie sicherer auf das Gewicht beziehen kann. Das bedeutet für uns als Normalverbraucher, dass wir trotz geeichter Zapfsäulen doch noch unterschiedliche Energiemengen in unsere Fahrzeugtanks laufen lassen, z.B. im Sommer vielleicht geringere pro Liter als im Winter. Dabei lassen wir den deutlich größeren Unterschied zwischen Benzin und Diesel außer Acht.

Oben sehen Sie ein aus der Realität heraus vereinfachtes Diagramm des spezifischen Verbrauchs. Es sieht etwas anders aus als die bisher gewohnten Diagramme. Das liegt ganz einfach daran, dass gleiche Verbrauchswerte auf verschiedene Arten und Weisen erzielt werden können.

Bleiben wir doch noch einen Moment bei dem oben erwähnten Motor. Hätte der jetzt die ganze Zeit die 100 kW bei einem Mitteldruck von 12 bar und einer Drehzahl von 2000/min abgegeben, dann müsste an den oberen Endpunkt der bei 2000/min eingezeichneten Strecke jene 220 g/kWh eingetragen werden. Die diesen Punkt umgebenden Kurven werden übrigens Muschel- oder Glockenkurven genannt.

Es sind in diesem Fall 5 Stück, normalerweise mehr. Sie könnten jetzt von innen nach außen mit den Werten 225 g/kWh, 230 g/kWh, 235 g/kWh, 240 g/kWh, 245 g/kWh und 250 g/kWh beschriftet werden. Die eigenartige Form kommt zustande, weil man z.B. den hohen Verbrauch von 250 g/kWh (äußerste Kurve) bei unter 2 bar Mitteldruck bei jeder Drehzahl und in dem Bereich von ungefähr 6000/min bei fast jedem Mitteldruck erzielt.

Uns interessiert natürlich der günstigste Wert. Der liegt hier bei 2000/min und einem Mitteldruck von 16 bar. Jetzt könnten Sie daraus den Schluss ziehen, bei dem Motor mit dieser Drehzahl den niedrigsten Verbrauch zu erzielen, falsch gedacht. Es muss der erforderliche Mitteldruck erreicht werden. Auf den Straßenverkehr bezogen müssten Sie eine Bergstrecke finden, auf der bei ziemlich viel Gas (= hoher Mitteldruck) die Drehzahl von 2000/min gehalten wird.

Abbildung 95

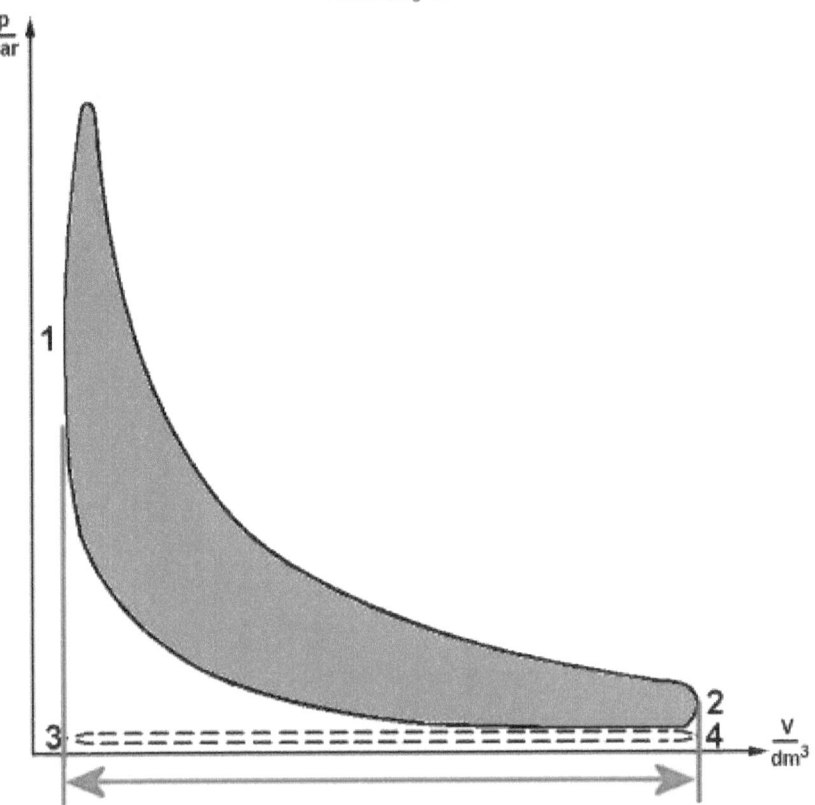

Wo kommt der Mitteldruck oder besser gesagt mittlere indizierte Druck eigentlich her? Er spiegelt die Verhältnisse im Brennraum wider, was auch schon durch den Begriff 'indiziert' ausgedrückt wird. Da wird bei 1 verdichtet und dann bis 2 Kraft auf den Kolben ausgeübt. Als nutzbar für die Berechnung des Mitteldrucks bleibt nur die Fläche zwischen den beiden Kurven, weil Aufwand beim Verdichten von Nutzen bei der Expansion abgezogen werden muss.

Das reicht aber noch nicht. Auch aus dem Gaswechsel ergibt sich eine Fläche, wenn man den Nutzen durch die mit Unterdruck einströmenden Gase von dem Aufwand, die alten hinauszudrängen abzieht. Zieht man also die Fläche des Gaswechsels von der oben markierten Fläche ab, dann stellt das Resultat ein Produkt aus dem mit Doppelpfeil gekennzeichneten Hubraum (x-Achse) und dem Druck (y-Achse) dar. Teilt man dieses Produkt durch den Hubraum, erhält man den mittleren indizierten Druck.

▛▍▎ Spezifischer Verbrauch

Abbildung 96

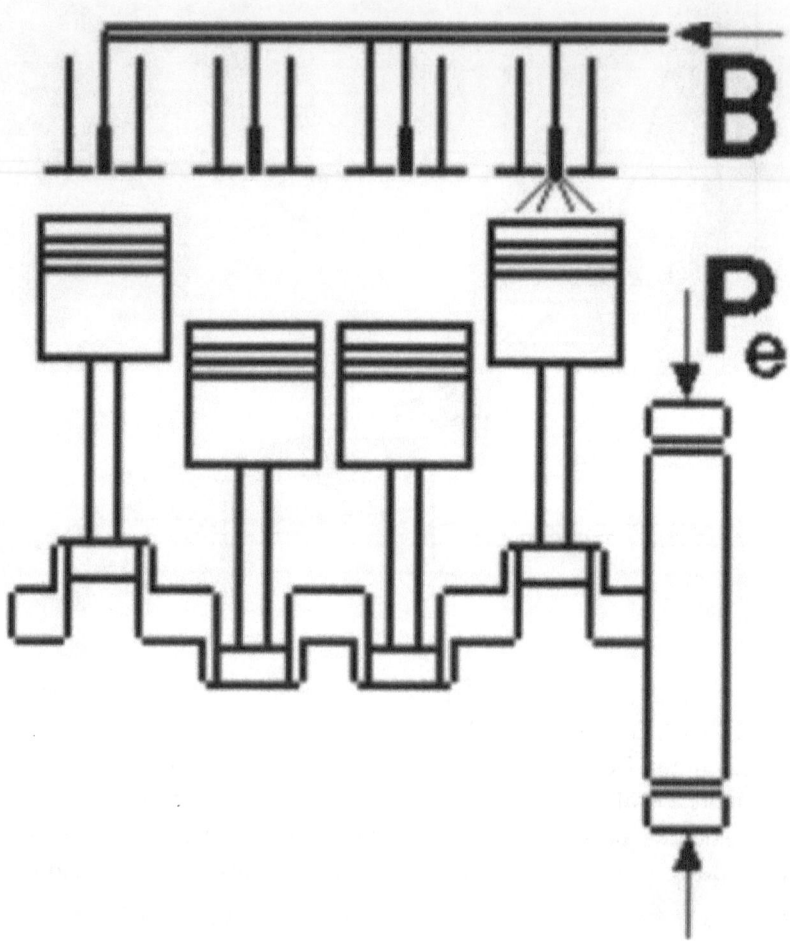

Der Mitteldruck wird also über alle Takte ermittelt. Er kann dadurch gesteigert werden, dass mehr Druck z.B. durch eine bessere Füllung möglich wird. Es kann aber auch einer der abzuziehenden Drücke vermindert werden, z.B. durch eine feinere Abgasführung, die für weniger Abgasgegendruck sorgt. Schafft man es, bei kleinerem Hubraum für etwa gleiche oder sogar bessere Druckverhältnisse zu sorgen (Downsizing), dann wird dadurch ebenfalls der Mitteldruck gesteigert.

Sie ahnen es, dieser Druck hängt unmittelbar mit der Leistung des Verbrennungsmotors zusammen, genauer gesagt der inneren oder indizierten Leistung:

Haben Sie bemerkt, es ist nicht ganz die Gleichung, die wir schon hatten. Aus dem 'p' ist ein 'p_i' (eigentlich 'p_{mi}' für 'mittlere') geworden. Die innere Leistung ist also abhängig vom Mitteldruck, dem Hubraum und der Drehzahl. Zur Leistungssteigerung wird also immer mindestens einer dieser Parameter gesteigert.

Für die indizierte Leistung ist dieser letzte Satz sicher richtig, für die effektive nicht. Ganz einfaches Beispiel: Wenn Sie es schaffen, durch Beschichtung der Kolben diese leichter über die Zylinderlaufbahnen gleiten zu lassen, haben Sie auch eine, wenn auch minimale Leistungssteigerung. Aber wo taucht diese rechnerisch auf?

Dazu müssen wir den Wirkungsgrad bemühen. Der vergleicht sozusagen die indizierte mit der effektiven Leistung. Man könnte ihn auch als Maßstab für die Effizienz des ausgeführten Motors nehmen. Denn die Differenz zwischen beiden Werten ist das, was von der theoretisch möglichen Leistung durch Verluste bei deren Realisierung verloren geht.

Jetzt könnte man auf die Idee kommen, die abgeführte von der zugeführten Leistung abzuziehen. Dann hätten zwei Motoren, einer mit 1000 kW und ein anderer den gleichen Wirkungsgrad, wenn sie beide jeweils 50 kW verliert würden. Das kann ja wohl nicht angehen, weil man dabei den viel besseren ersteren Motor zu wenig würdigt. Außerdem hätte dann der Wirkungsgrad die Einheit 'kW'.

Der Wirkungsgrad entsteht vielmehr durch Division der geringeren Ausgangsleistung durch die höhere Eingangsleistung. Er ist deshalb stets kleiner als 1 und dimensionslos. Sie können den so errechneten Betrag sogar mit 100 multiplizieren und erhalten den Prozentsatz, in diesem Fall der noch am Ausgang übrigbleibenden Leistung. Wirkungsgrade gibt es überall auf dem Weg vom Motor zum Antriebsrad.

Man kann von der im Kraftstoff gespeicherten Energie ausgehen. Aber ich warne Sie, das ist auch bei unseren heutigen Motoren etwas enttäuschend. Nehmen wir den Prüfstands-Dieselmotor des vorigen Kapitels, der mit 220 g/kWh Verbrauch bei 100 kW Dauerleistung schon recht günstig war. Der hat dann pro Stunde 200 g/kWh mal 100 kW = 22.000 g = 22 kg Kraftstoff verbraucht.

Die im Kraftstoff gespeicherte Energie drückt sich im Heizwert aus, der bei Dieselkraftstoff 42.800 kJ/kg beträgt. Multipliziert mit den 22 kg des Verbrauchs pro Stunde ergibt das 941.600 kJ. Jetzt müssen Sie nur noch die Umrechnung von kJ in Watt kennen:

$$3{,}6 \text{ kJ} = 1 \text{ Wh}$$

Also teilen wir die 941.600 kJ durch 3,6 und erhalten 261 kW. So viel Leistung steckte in dem in einer Stunde verbrauchten Kraftstoff. 261 kW gingen rein, 100 kW kamen raus, was einen Wirkungsgrad von 0,383 (ca. 38 Prozent) ergibt. All die schöne Energie weg durch Wärme für Kühlung und Abgas sowie durch Bewegung für Abgas. Letztlich werden übrigens alle Verluste zu Wärme.

Abbildung 97

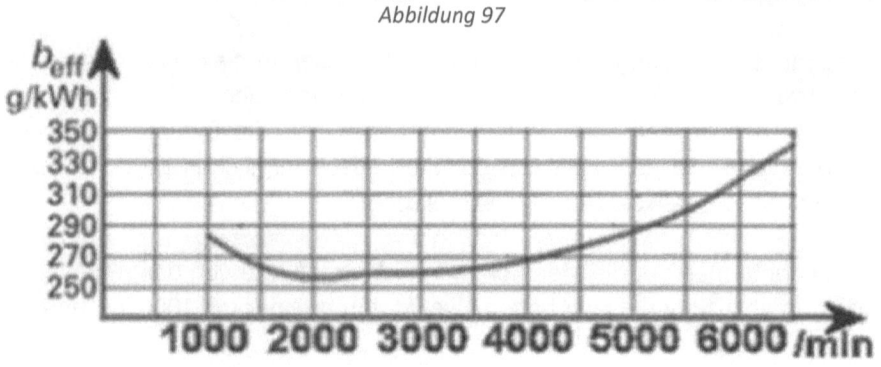

▥|| Wirkungsgrad

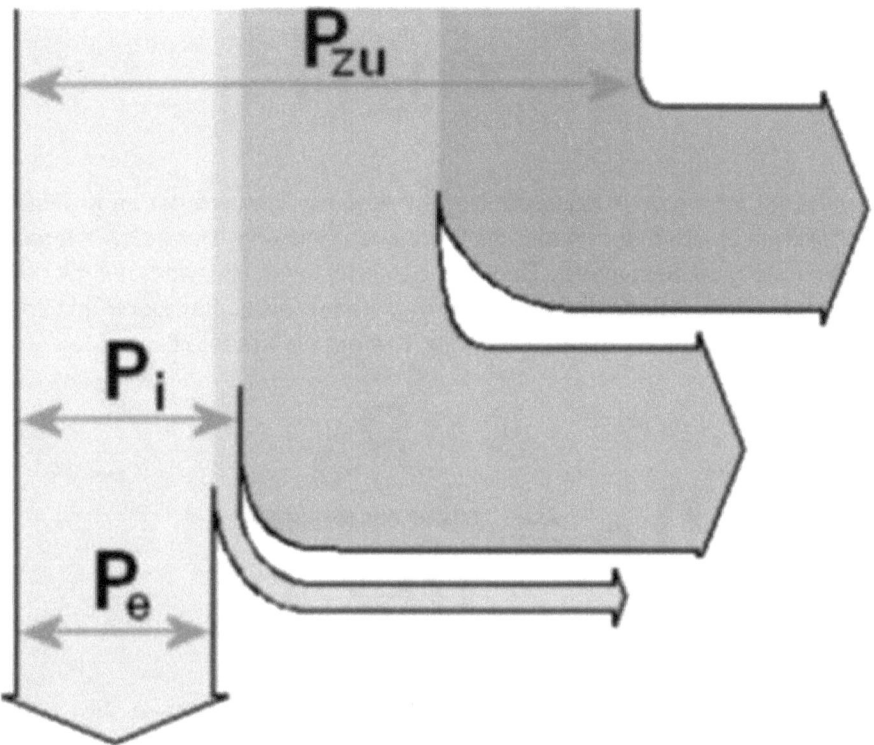

Abbildung 98

Ist also der Wirkungsgrad gering, dann sind die Verluste hoch. Darin enthalten sind jetzt noch die Verluste durch innere Reibung des Motors. Sie können in etwa ermittelt werden, wenn man den Motor mit der Leistungsmessung entsprechenden Drehzahl schleppt und die dazu nötige Leistung misst.

Schleppversuche sind übrigens das erste, was ein vollkommen neu konzipierter Motor über sich ergehen lassen muss. Gehen Sie mal von etwa 17 Prozent Verlust von der ursprünglichen Energie für die Mechanik des Motors aus. Wenn er also 100 kW am Schwungrad liefert, hat er schon ca. 20 kW durch Reibung usw. verloren. Im Moment wird auch daran vehement gearbeitet, diesen Anteil zu vermindern. Gleitlager z.B. im Ventiltrieb werden durch Rollenlager ersetzt.

Zum Schluss noch die beiden Formeln, nach denen wir gerechnet haben:

$$\eta_i = \frac{P_i}{\dot{m}_K \cdot H_i}$$

Das ist der innere Wirkungsgrad. Der ermittelt die Verluste der im Kraftstoff enthaltenen Energie gegenüber der indizierten Leistung. Der Index 'I' fordert einen unter ganz bestimmten Bedingungen ermittelten Heizwert, hat mit dem Index 'i' bei der Leistung und beim Wirkungsgrad nichts zu tun. Der Punkt über dem 'm' wurde schon erörtert, der Index 'K' steht für 'Kraftstoff'.

$$\eta_e = \frac{P_e}{\dot{m}_K \cdot H_i}$$

Das ist der effektive Wirkungsgrad. Der ermittelt die Verluste der im Kraftstoff enthaltenen Energie gegenüber der effektiven Leistung.

Für einen Verbrennungsmotor sind die oben erzielten 38 Prozent schon viel. Klar, ein Großdiesel z.B. für ein Schiff mit vielleicht 14.000-18.000 Containern kommt vielleicht sogar über 45 Prozent, aber nur, wenn es weit unter den möglichen knapp 50 km/h (27,7 Knoten) bleibt. Ein Benzinmotor schafft übrigens noch nicht einmal die 38 Prozent des Motors oben. Der liegt bis zu 10 drunter, es sei denn, er ist ein Direkteinspritzer.

Abbildung 99

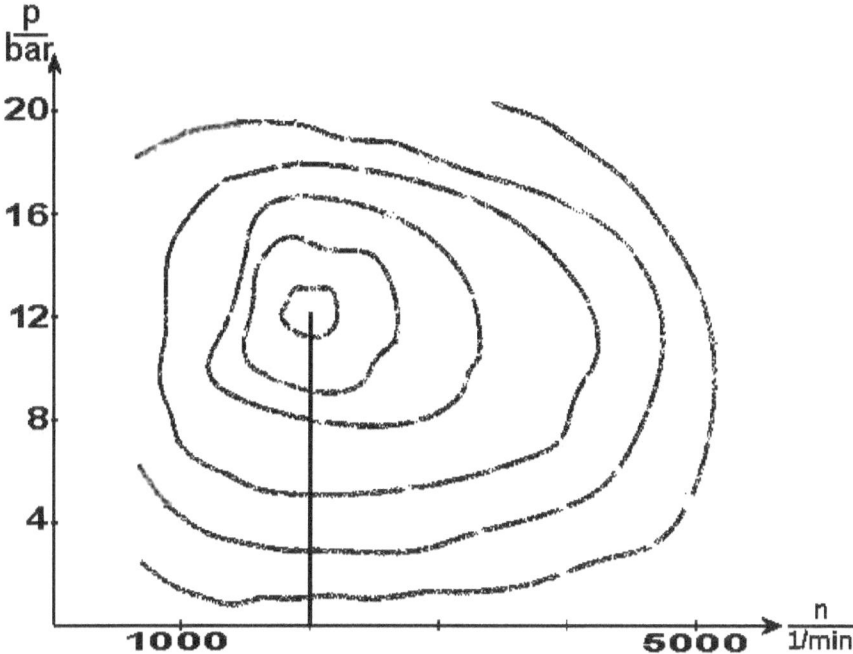

Übrigens sollten die 100 kW gerade reichen, um mit einer schicken Limousine echte 200 km/h zu fahren. Sie ahnen schon, was jetzt kommt, nämlich die Frage nach dem Verbrauch exakt in diesem Betriebspunkt. Hier oben noch einmal das Diagramm mit den spezifischen Verbräuchen. Gehen Sie von 4.500/min aus, die der Dieselmotor bei 200 km/h dreht, dann verbraucht er nach Diagramm ca. 245 g/kWh.

Jetzt sind wir gleich am Ziel, denn multipliziert mit 100 kW ergeben sich 24,5 kg Kraftstoff pro Stunde. Diesel hat eine Dichte zwischen 0,82 und 0,84 kg/Liter. Wir rechnen mit dem Mittelwert und kommen auf 29,5 Liter. Durch die 200 km, die der Wagen in der Stunde schafft sehen Sie, dass auch ein Diesel mit knapp 15 Liter/100km das Saufen anfängt, wenn man ihn nur genügend tritt. Er spart eigentlich eher bei Teillast.

◻❙❙❙ Fahrschule 1

Abbildung 100

Immer noch ein Vorbild für Effizienz: 3-Liter-Auto Audi A2

Wenn Sie also mit einem normalen Benziner ohne Direkteinspritzung durch die Gegend fahren, sind über 70 Prozent der Energie schon weg, bevor die Leistung im Getriebe ankommt. Auf dem Weg zu den Antriebsrädern addieren sich die Verluste für Getriebe, Achsantrieb, Radlager, Lüftung der Räder. Das sind bei einem Schaltgetriebe schon ca. 2 Prozent Verlust, bei einer Wandlerautomatik deutlich mehr.

Betrachtet man den Roll- und den Luftwiderstand, dann sind beide beim normalen Pkw bei etwa 50 km/h noch etwa gleich groß. Danach schnellt der Luftwiderstand mit dem Quadrat der Geschwindigkeit davon. D.h. wir brauchen die Motorleistung z.B. auf der Autobahn hauptsächlich, um den Luftwiderstand zu überwinden. Hätten Sie gedacht, dass nur etwa 4 kW nötig sind, einen modernen Pkw mit 50 km/h auf ebener Strecke zu bewegen.

Übrigens werden wir später trotz oder wegen unserer Verschwendung nie wieder so konzentriert Energie mit uns führen wie zurzeit. Greifen wir noch einmal den schon erwähnten Heizwert des Dieselkraftstoffs mit 42.800 kJ/kg auf. Das wären bei den ebenfalls schon genannten 0,83 kg/dm³ 35.524 kJ pro Liter, geteilt durch 3,6 etwa 10.000 Wh oder 10 kWh. Nur zum Vergleich, ein BMW i3 verfügt bei vollgeladenen Batterien über 42,2 kWh, vermutlich ein Bruttowert.

Das Gewicht der Batterien wird mit 230 kg angegeben. Der Energiegehalt entspricht weniger als vier Liter Dieselkraftstoff. Jetzt dürfen Sie einmal schätzen, was ein Tank mit knapp 4 Liter Kraftstoff wiegen würde. Ganz zu schweigen von dem Aufenthalt an der 'Tankstelle', der beim BMW bis zu 8 Stunden (Haushaltanschluss) dauern kann. Sie ahnen schon, warum sich zurzeit viele Kunden intensiv über ein Elektroauto informieren, aber einen Diesel kaufen.

Nein, so negativ dürfen wir das Elektroauto nicht verlassen. Denn wenn es um die Verwertung der mühsam getankten Energie geht, ist es nicht zu toppen, jedenfalls nicht vom Verbrennungsmotor. Nehmen wir ausnahmsweise die von BMW angegebene Reichweite von 260 km im nicht zu heißen Sommer. Dann realisiert dieser Wagen einen Verbrauch von sage und schreibe 1,5 Liter pro 100 km.

Jetzt werden Sie vielleicht einwenden, ein Fahrzeug mit Verbrennungsmotor von VW habe das auch schon geschafft. Stimmt und stimmt auch wieder nicht. Denn der entscheidende Unterschied ist, es war ein superteurer Prototyp. Besonders wichtig ist seine Einspurigkeit, die den Luftwiderstand und eine zusätzliche Batterie entscheidend verringern hilft. Ein schwächlicher Dieselmotor trieb ihn an, mit dem spurtstarken BMW-Motor überhaupt nicht zu vergleichen.

Ja, es gibt verbesserte Nachfolger und doch tut sich der Verbrennungsmotor schwer, den elektrischen Kollegen zu erreichen. Es gibt allerdings eine Weltmeisterschaft, in der Gefährte mit Fahrradreifen, zwischen denen man liegt, versuchen, möglichst weit mit einem Liter Kraftstoff zu kommen. Die fahren Zyklen, beschleunigen sanft und lassen dann rollen. Der Rekord liegt umgerechnet bei über 3.000 Kilometern.

Was sagt uns das? Es hält uns unsere Verschwendung fossiler Treibstoffe vor Augen und weist auf den wichtigen Faktor Luftwiderstand hin. Außerdem weist es das Segeln als die geeignetere Form des Energiesparens aus, noch vor der Rekuperation. Sehr viel tun Sie aber schon für die Umwelt und Ihr

Portemonnaie, wenn Sie auf der Autobahn den Fuß ein wenig vom Gas nehmen.

▢||| Fahrschule 2

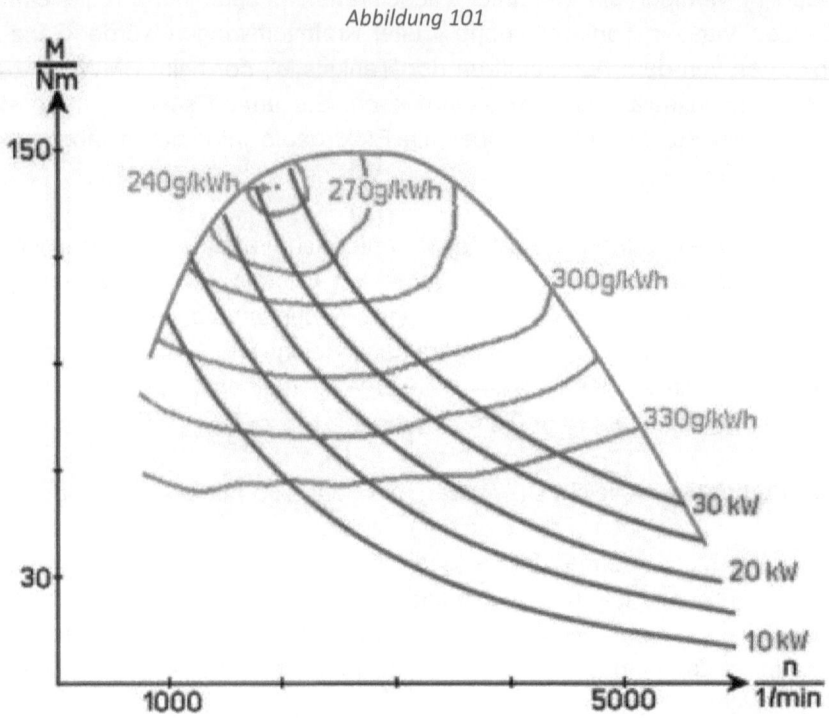

Abbildung 101

Jawohl, wir trauen uns, auch den altgedienten Fahrern/innen unter Ihnen Tipps zum Autofahren zu geben. Auf das Diagramm oben, kommen wir später. Zunächst geht es um das Verhalten beim Überholen. Wissen Sie, warum ich Drängler hinter mir auf der Autobahn eigentlich mag? Ganz einfach, ich bin mir relativ sicher, dass ich sie bald wieder los bin.

Also nach rechts, sobald das unter ungefährer Beibehaltung meiner Geschwindigkeit möglich ist. Viel unangenehmer sind mir Zeitgenossen/innen, die minutenlang oder sogar länger genau in dem Winkel links schräg hinter mir sind, so dass ein ungefährliches Ausscheren zum

Überholen nicht möglich ist. Außerdem sind mir Leute suspekt, die vom Autofahren offensichtlich zu stark abgelenkt sind.

Ich habe das folgende Beispiel aus der Biographie des Ernst Fiala. Der wundert sich über das Verhalten mancher Zeitgenossen auf der Landstraße. Da schließt jemand von hinten auf und man ahnt, der will überholen. Allein durch das Herannahen ist doch erwiesen, dass der schneller unterwegs sein will als man selbst. Warum also erleichtert man ihm nicht den Überholvorgang, sondern gefährdet beide z.B. durch auch nur leichtes Gasgeben?

'Man soll bergauf im gleichen Gang fahren wie bergab' lautet eine alte Regel. Eigentlich will die aber nur darauf hinweisen, dass man bergab bitteschön die Motorbremse nutzen soll, also den Gang wählen, bei dem man möglichst wenig die Bremse benutzen muss. Allerdings sollte der Motor dabei seiner Grenzdrehzahl zu nahekommen, muss man ihm doch mit der Bremse ein wenig zur Hilfe kommen.

Da gibt es Zeitgenossen/innen, die überholt man auf der Autobahn immer wieder, obwohl man mit Tempomat unterwegs ist. Man selbst kann an diesen Umständen wenig ändern, ohne vielleicht wesentlich langsamer zu fahren. Aber vielleicht sollten diese irgendwann auch die relativ aufwendigen und eher sinnlosen Überholvorgänge realisieren und entweder etwas gleichmäßiger unterwegs sein oder hinter diesem einen Wagen bleiben, weil es bisher eh' keinen Sinn gemacht hat.

Wie gesagt, ich mag Menschen, die wissen, was sie wollen, wenn das nicht gerade mit zu kurzen Abständen bzw. Lichthupe vorgetragen wird. Sie sollen fahren, während ich oft nur so lange etwas schneller fahre, bis ich eine sogenannte Insel der Seligen gefunden habe. Das sind bei nicht allzu viel Verkehr Bereiche mit größeren Lücken. Da bleibe ich dann möglichst so lange, bis sich die Situation wieder ändert.

Auch die sogenannten Bremser sind mir ein Gräuel. Die müssten für jedes, auch das kleinste Bremsen, in den Allerwertesten gekniffen werden. War das Bremsen nötig, werden sie es als nicht weiter schlimm bewerten, im anderen Fall soll es ihnen geradezu unangenehm sein. Z.B. am unmittelbaren Beginn einer Baustelle. Schon längst angekündigt, weiß man doch, was einen erwartet. Da könnte man sich noch früh genug drauf einstellen.

> Jede Beschleunigung kostet extra.

Doch damit nicht genug. Manche treten noch einmal aufs Gas, um dann bei der nächsten Ausfahrt so richtig in die Eisen gehen zu können. Dabei müssten sie diese Ausfahrt aus dem FF kennen. Immerhin wirkt sich deren Verhalten in der Regel nicht auf den rückwärtigen Verkehr aus. Vermutlich erwächst ab einem bestimmten Verkehrsaufkommen aus beinahe jedem kleinen Bremser ein ausgewachsener Stau, den natürlich der/die Bremser/in nicht mehr erlebt.

Auch das schon bekannte Diagramm lässt sich fahrschulmäßig nutzen. Oben wird in y-Richtung das Drehmoment abgebildet. Hinzugekommen sind die Leistungskurven. Dass deren Werte in etwa stimmen, können Sie z.B. an dem Punkt 120 Nm auf der y-Achse und etwa 1200/min auf der x-Achse mit der Formel P=M*n/9550 nachrechnen. Es müssten die 15 kW herauskommen. Oder Sie nehmen 30 Nm bei 6000/min und kommen auf 18 kW, was so in etwa stimmt.

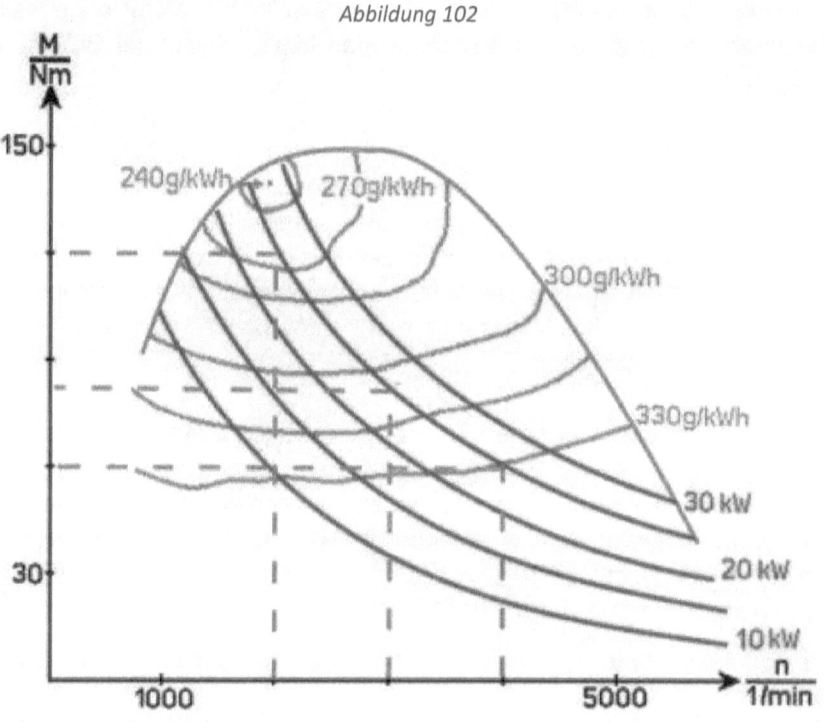

Abbildung 102

Und jetzt kommt ein wichtiger Punkt hinzu, nämlich die Gaspedalstellung, die natürlich maximal sein muss, wenn man an der Drehmomentkurve entlangfahren will. Alles, was sich unterhalb dieser Drehmomentlinie abspielt, kann nicht Vollgas sein. Jetzt nehmen wir der Einfachheit halber einmal drei verschiedene Gänge an, wenn z.B. 25 kW nötig sein sollten, also 4000/min im dritten, 3000/min im vierten und 2000/min im fünften Gang, um leichter rechnen und zeichnen zu können.

> Viel Gas, in diesem Fall gut fürs Spritsparen . . .

Links können Sie ablesen, wie viel Gas Sie ungefähr geben müssen. Da sind im dritten Gang nur 40 Prozent Drehmoment erforderlich, weil der viel besser zieht. Im vierten steigt das auf über 50 und im fünften auf 80 Prozent. Wichtig sind aber die Muschelkurven. Dort landet man im dritten Gang auf etwa 330 g/kWh, im vierten auf 305 und im fünften auf 270 g/kWh. Nehmen Sie 30 g/kWh Differenz zwischen den einzelnen Gängen an, dann sind das bei 25 kW 750 g/h, sagen wir bei 80 km/h etwa 1 kg.

Das ist dann sogar mehr als ein Liter auf 100 km, ein Wert, der sich in der Praxis immer wieder zeigt. Für Gangsprünge bei den kleineren Gängen kommt etwas mehr, bei den größeren Gängen etwas weniger heraus. Es folgt daraus, dass man möglichst den höchst möglichen Gang nehmen soll, auch z.B. bergauf. Wenn der Motor das im fünften noch schafft, dann bitte, auch gerne mit Vollgas und bei knapp über Leerlaufdrehzahl. Zur Sicherheit auf die Kühlmitteltemperatur achten. Die könnte einen zwingen, herunter zu schalten.

Bliebe als Gegenargument, dass der tiefste Punkt des Muscheldiagramms doch bei 2.000 und nicht bei 1.000/min liegt. Ist richtig, aber dazu müsste Sie eine Bergstrecke finden, die dem Motor exakt im fünften Gang das dort mögliche höchste Drehmoment abverlangt. Aber wie schnell ist man bei 2000/min im fünften Gang? Verträgt das die Bergstrecke überhaupt? Das Minimum der Muschelkurve ist also eher von theoretischer Bedeutung.

Jetzt überlegen Sie bitte einmal! Bei welchem Motor ist dieser Punkt eher zu erreichen, einem großen oder einem kleinen. Wer kommt eher an die Grenze seiner Drehmomentreserven? Natürlich der Kleine. Denn es ist ja Vollgas (besser Volllast) und ein Verbleiben in diesem Betriebszustand die Bedingung. Hier haben wir einen der Gründe, warum ein kleinerer Motor sparsamer sein kann als ein großer.

▢▥ Leichtmetall

Abbildung 103

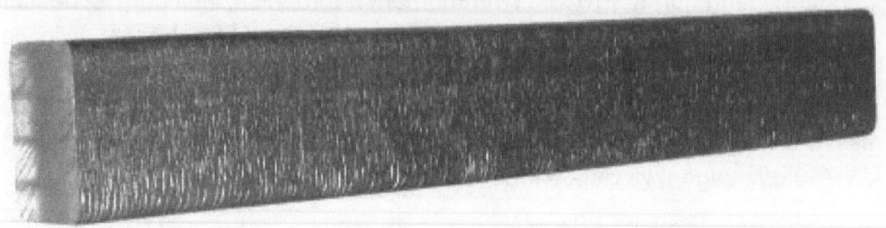

Hätten Sie gewusst, dass beim Zweiliter-Vierzylinder das Zylinderkurbelgehäuse fast 25 Prozent des Gewichts ausmacht, mit allerdings abnehmender Tendenz? Und es Großserien-Zylinderblöcke aus Aluminium für Dieselmotoren erst so etwa ab dem Jahr 2000 gibt?

Der Motor ist bis auf wenige sportliche Ausnahmen fast immer vorn eingebaut, mit mehr oder weniger Vorlage in Bezug auf die Vorderachse. Das ist für eine gute Fahrwerksauslegung problematisch. Deshalb ist ein leichter Motorblock nicht nur für das Leergewicht, sondern auch für die Gewichtsverteilung sehr wichtig.

Und auch bei Dieselmotoren will man auf diese Vorteile nicht länger verzichten, trotz weit höherer Drücke und Temperaturen. Begonnen hat man mit größeren Motorblöcken. Der Trend geht aber auch hier zu kleineren Einheiten mit entsprechend geringen Wandstärken zwischen den Hohlräumen, gießtechnisch nicht unproblematisch.

Vom Gießprozess verlangt man z.B. eine möglichst uneingeschränkte Bauteilgestaltung. Das beinhaltet fast beliebig viele Hohlräume, die vom Bauteilproduzenten mit Kernen zu füllen sind und z.B. gewisse Nachbehandlungen wie das Schmieden erschweren. Deren Wandungen und Übergänge können in der Regel nicht bearbeitet werden, müssen also schon direkt nach dem Erkalten von hoher Güte sein.

Denken Sie nur an die Führung von Kühlmittel durch den Zylinderkopf, die möglichst wenig Energie von der Kühlmittelpumpe kosten soll. Widerstandsarm sollen dann auch die Übergänge sein. Günstig wäre es, gleichzeitig Gehäuse für solche zusätzlichen Bauteile vorzusehen. Was für das Kühlmittel gilt dann ähnlich auch für die Schmierung durch Motoröl.

Das gleichzeitige Eingießen von Teilen betrifft auch die Zylinderlaufbuchsen oder Liner. Hier sind die Anforderungen besonders hoch, darf doch z.B. durch unterschiedliche Wärmeausdehnung oder beim Gießen selbst kein Spalt zwischen Aluminium und Fremdteil entstehen.

Deshalb hat die Herstellung von gegossenen Zylindern aus Aluminium ohne Liner vielleicht noch größere Chancen.

▢⫼ Luftbedarf

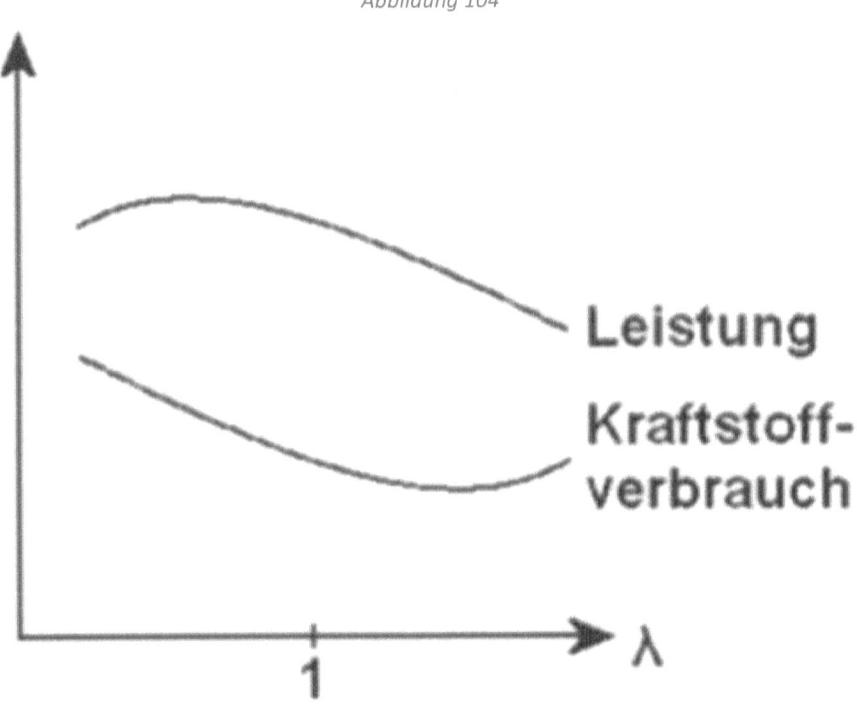

Abbildung 104

Diese Behauptung ist wohl beizeiten anlässlich einer Werbekampagne entstanden. Darin hieß es, wenn ein mit moderner Technik ausgestatteter Diesel mehrmals durch einen verkehrsreichen Teil einer Großstadt fahren würde, verbessere dies die Luftqualität, statt sie zu verschlechtern. Dann braucht also Peking nur noch die Zulassung solcher Autos zu erlauben und man hätte das Smog-Problem gelöst.

In der Tat verbraucht jeder Verbrennungsmotor Luft und das nicht zu knapp. Dem nun schon mehrfach erwähnten 100kW-Dieselmotor müssen wir bei Stopp-and-Go ohne Start-Stopp-Automatik schon knapp 7 Liter (5,8 kg) auf 100 km anrechnen. Wegen dem Lambdawert von 1,4 (Erklärung folgt) sind das fast 120 kg, bei 1,2 kg/m³ 100 m³ Luft, die der Motor angesaugt hat.

Man sieht einem doch heute schon recht leise vor sich hin tuckernden Triebwerk diese Gefräßigkeit gar nicht an. Es gibt Experten, die sagen, Kraftstoff für den Verbrennungsmotor hätten wir noch genug, allein es fehle an der nötigen Luft. Wobei der Dieselmotor besonders viel Luft braucht. Denn er nimmt im Prinzip immer die gleiche Menge und mischt diese mit mehr oder weniger Kraftstoff.

Nein, für den Benzinmotor wäre das keine so gute Idee. Er braucht stets sein stöchiometrisches Verhältnis von 14,5 kg Luft zu 1 kg Kraftstoff. Wie aber kommt diese Zahl zustande? Beginnen wir mit den so wichtigen CO2-Emissionen. Da kommt z.B. die S-Klasse von 2014 auf 200 g/km. Mit 100 km multipliziert ergeben sich allerdings 20 kg.

Jetzt wird der Verbrauch aber mit 8,6 Liter Super Plus angegeben, was bei 0,76 kg/Liter nur 6,536 kg ergibt. Wie kann ein Motor 6,5 kg aufnehmen und 20 kg emittieren? Dazu müssen wir in die Formel hineinschauen:

$$C_8H_{16}: 8 * 12\,u + 16 * 1\,u = 112\,u$$
$$12\,O_2: 12 * 16\,u = 384\,u$$
$$8\,CO_2: 8 * 12 + 8 * 16 = 352$$
$$8\,H_2O: 8 * 1\,u + 8 * 16\,u$$
$$C_8H_{16} + 12\,O_2 = 8\,CO_2 + 8\,H_2O$$
$$112\,u + 384\,u = 352\,u + 144\,u$$

Nehmen Sie das 'u' als Masse-Vergleichswert.

Nehmen Sie das 'u' als Masse-Vergleichswert zum Wasserstoff.

Im Grunde wird nach dem Doppelpunkt nur noch einmal das aufgeschrieben, was vor dem Doppelpunkt in Kurzschreibweise schon steht. Also ganz oben 8 Mal (siehe Index) das C, das 12 Mal so schwer ist wie das H (12 u beim Kohlenstoff und 1 u beim Wasserstoff). Der Kraftstoffanteil wäre damit berechnet.

Es folgen in Zeile 2 der Sauerstoffanteil der verbraucht wird, in den Zeilen 3 und 4 jeweils das Kohlendioxid, das herauskommt, und das Wasser. In Zeile 5 sind dann die beiden dem Motor zugeführten Anteile den beiden vom Motor ausgestoßenen gegenübergestellt, in der letzten Zeile noch einmal mit ihren Masseanteilen.

Kraftstoff und Sauerstoff werden also im Verbrennungsmotor zu Kohlendioxid und Wasser (-dampf) verarbeitet. Der Motor wird aber nicht mit reinem Sauerstoff gefüttert, sondern mit Luft. Darin hat der Sauerstoff nur einen Masseanteil von 23,16 Prozent. Also statt der 384 Anteile Sauerstoff nimmt der Motor 384 geteilt durch 23,16 mal 100 gleich 1.659 Anteile Luft auf.

Wenn Sie jetzt die 1659 Massenanteile Luft zu den 112 Massenanteilen Kraftstoff ins Verhältnis setzen, erhalten Sie bei unserer Rechnung das stöchiometrische Mischungsverhältnis von 14,8 : 1. Bisweilen rechnet man auch mit 14,5 : 1 oder 14,7 : 1. Und jetzt erklären sich auch die 20 kg CO_2-Emission. Da steckt der zusätzliche Stickstoff-Anteil drin, den der Motor mit aufnehmen muss, um genügend Sauerstoff für die Verbrennung zu haben.

Eine weitere Benachteiligung des E-Mobils mit seiner in der Batterie mitzuführenden Energie. Denn das muss alles mitschleppen, was es zum Entwickeln von Drehmoment braucht, während der Verbrennungsmotor auf die Umgebung zurückgreifen kann.

Mögliche Luftverhältnisse	
Ideal (Benzin)	1
Kaltstart (Benzin)	ab 0,3
Volllast (Benzin)	0,85 - 1
Diesel	>1,3

▣▍▎ Verbrennung 1

Abbildung 105

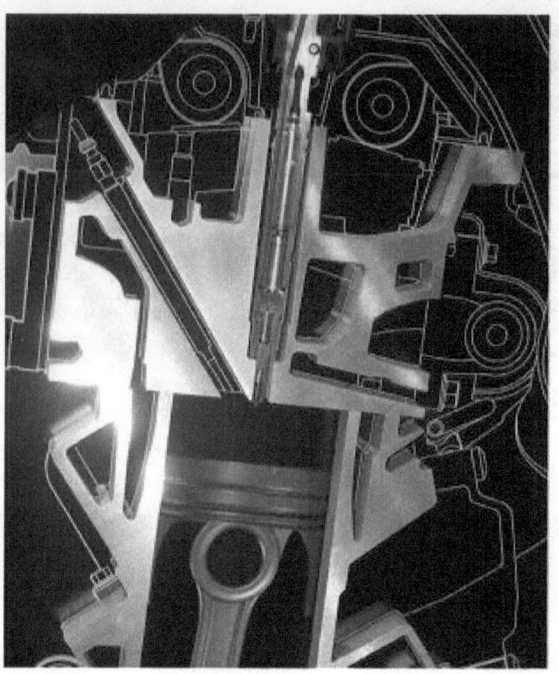

kfz-tech.de/PVe61

Die altbekannte Frage besonders beim Benzinmotor lautet, ob genügend Luft, Kraftstoff und auch Zündung vorhanden ist. Erstere kann eigentlich nur durch Verstopfung oder nicht (zur rechten Zeit) öffnende Ventile fehlen. Sind hier die gröbsten Fehler behoben, so steht zumindest dem Anspringen eines Motors nicht mehr viel im Weg.

Kraftstoff ist das geringste Problem. Man braucht gar nicht erst den Tank, die Pumpe und die Leitung kontrollieren, sondern kann brennbares Material auch direkt der angesaugten Luft beigeben, im schlimmsten Fall Startpilot. Kritisch ist seit jeher die Zündung. Sicher der oder die Kerzenstecker sind im Nu abgezogen, mit Ersatzkerzen bestückt und gegen Masse gehalten, am besten mit ausreichend isolierten Händen.

Aber ist der dann sichtbare Zündfunke auch stark genug im viel höher verdichteten Brennraum? Und stimmt die Zeit überhaupt, zu der er erzeugt wurde. Normalerweise würde der Motor aber leichte Lebenszeichen von sich geben, wenn es nur am Timing läge? Und erst jetzt gerät die Mechanik in Verdacht, sind weitere Untersuchungen z.B. zum vorhandenen Verdichtungsenddruck erforderlich.

Springt ein Motor gut und verlässlich an, garantiert das noch lange keinen guten und sauberen Motorlauf in allen Betriebsbereichen. Will man wissen, was herauskommt, sollte man zunächst die Ingredienzien betrachten. Sie werden diese mit dem Begriff 'Kraftstoff' belegen, allerdings keineswegs ausreichend, auch wenn man Benzin und Diesel zu unterscheiden weiß.

Von den beiden hat Diesel die höhere Dichte und z.B. Biodiesel noch mehr. Die gleiche Reihenfolge bei der Viskosität. Vollkommen umgekehrt sind die Verhältnisse natürlich bei der Zündwilligkeit, bei (Bio-) Diesel mit einer Cetanzahl von mindestens 51 hoch, bei Benzin mit einer Oktanzahl von 95 bzw. 98 wesentlich herabgesetzt. Allerdings ist die geforderte und eigentlich aussagekräftigere Motoroktanzahl noch einmal um 10 Punkte geringer.

> Cetanzahl -> Maß für Zündwilligkeit

> Oktanzahl -> Maß für Zündunwilligkeit

Benzin bringt inzwischen 5 bis 10 Prozent Ethanol mit in den Motor, im Extremfall sogar 85 Prozent. Diesel mit inzwischen 7 Prozent Bio-Anteil ist mit einem Schwefelgehalt von bis zu 10 mg/kg für die Umwelt schlimmer. Sowohl Ethanol als auch Biodiesel sind eigentlich Ersatzstoffe, die regenerativ erzeugt werden können. Schwefel ist einfach nur fossiler Ballast, für dessen Beseitigung eine Raffinerie offensichtlich viel Aufwand treiben muss.

Die im Kraftstoff enthaltene Energie, sprich: der Heizwert, ist bei Benzin und Diesel gleich, mit leichtem Vorteil für Benzin. Allerdings zusammen mit der höheren Dichte sagt man einem Liter Diesel ca. 13 Prozent mehr Energie nach. Die von Pflanzenöl oder Biodiesel ist 15 Prozent geringer. Bei Ethanol sind es nur 40 Prozent vom Benzin. Auto- und Erdgas werden nicht nach Litern getankt.

Auch wenn manche damit Schwierigkeiten haben, die Unterscheidung zwischen Benzin- und Dieselmotor ist machbar und einfach anhand der Art der Zündung zu treffen. Möglich ist zwar, dass irgendwann ein und derselbe Motor nach beiden Prinzipien arbeitet, aber gleichzeitig scheint vom Prinzip her unmöglich. Ist die Aufrechterhaltung der Verbrennung nur durch elektrische Zündung möglich, handelt es sich um einen Benzin- oder Otto-, ansonsten einen Dieselmotor.

Die Art der Einspritzung ist schon lange kein Kriterium mehr, vielleicht noch die Höhe des maximal in bestimmten Betriebszuständen vorkommenden Einspritzdrucks. Auch auf die Höhe der geometrischen Verdichtung ist bei der Unterscheidung kein Verlass. Es haben sich schon Motoren von beiden Richtungen bei 14 : 0 getroffen, den Rest bestimmt die Auflading. Einzig der Einspritzzeitpunkt könnte hier nützlich sein, aber nur, wenn er beim Benziner deutlich vor der eigentlichen Zündung erfolgt.

Es ist also ein großer Unterschied, ob Benzin direkt in einen Brennraum eingespritzt wird oder Dieselkraftstoff, wobei gerade bei hochmodernen Benzinern in manchen Fällen eine indirekte Einspritzung hinzukommt. Betrachten wir den Strahl, der da vom Injektor ausgeht. Beim Diesel brennt er an den Rändern schon, bevor er sein Ziel erreicht hat, durch Luftbewegung begleitet.

Nichts davon beim Benziner. Während beim Diesel der Kraftstoff grundsätzlich in eine magere bzw. luftreiche Welt gelangt, ist beim Benziner der Brennraum eher harmonisch berechnet, also auf Lambda = 1 ausgerichtet. Und selbst wenn es sich um Schichtladung handeln sollte, so geht der Strahl dorthin, wo die fettesten Gebiete verlangt sind.

Eigenartig, und doch muss bei der Konstruktion sichergestellt sein, dass eben genau keine Verbrennung stattfindet. 'Alles hört auf mein Kommando' sagt das Motormanagement und besteht darauf, alleine über den richtigen Zeitpunkt zu bestimmen. Das ist beim Diesel nicht anders, allerdings während der Einspritzung schon längst Geschichte, denn genau die ist hier bestimmend für den Zündpunkt. So nah und doch so fern, die beiden Systeme.

Eine längere Zeit für die Gemischbildung, beim Diesel Fehlanzeige. Resultat: Trotz Berechnung einer insgesamt sehr mageren Ausbreitung kann es innerhalb des brennenden Strahls zu fettem Gemisch kommen. Das begünstigt leider die Ruß- bzw. Partikelbildung. Hilfen sind zu erwarten durch Drall und die Art der Einspritzung, nämlich wenig auf einmal in mehreren Portionen, unter sehr hohem Druck besonders fein zerstäubt.

Als Einspritzdrücke werden weit über 2.000 bar genannt, wobei vergessen wird, dass die in wenigen bestimmten Betriebsbereichen noch unter Benziner-Niveau von derzeit max. 350 bar fallen können. Ansonsten ist ein CR-Injektor an seinem unteren Ende auch nichts anderes als eine von früher her bekannte Mehrlochdüse, wenn die auch noch keine Mehrfacheinspritzungen kannte.

Wenn das neben vielen Piezo-Lagen auch noch ein Magnetventil schafft, sind die Verhältnisse im Brennraum vergleichbar. Man nennt es Rohemission, was da während der Verbrennung entsteht. Und hoffentlich durch bisweilen wenig mehr als die Größe eines Stecknadelkopfes größere Partikelansammlungen vermeidet.

Ja, Sie haben richtig gelesen, es findet schon eine gewisse Verbrennung statt. Aber eigentlich sollen die Strahlen die größere Fläche im Kolbenbrennraum treffen, den wiederum nur der Diesel hat. Dort sollen Sie dann schichtweise abbrennen. Bleibt echt die Frage, wie viel Kraftstoff bei so kleinen Mengen und sofort einsetzender Verbrennung da noch übrig ist.

◨▥ Benzin - Diesel

Abbildung 106

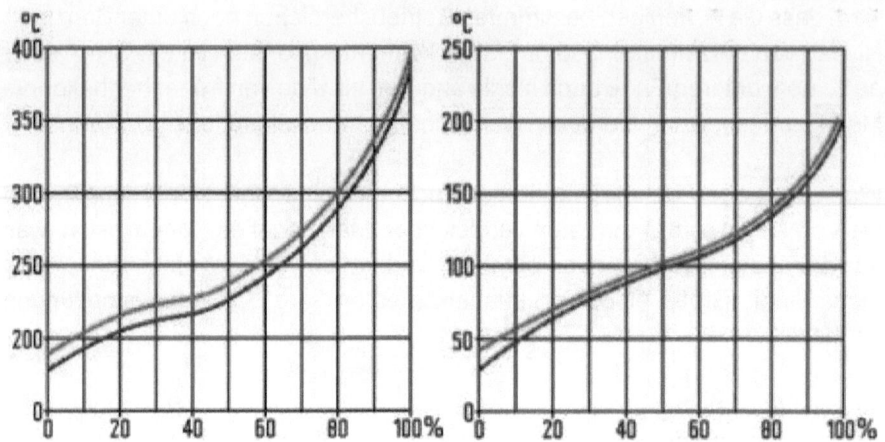

Links Diesel, rechts Benzin, oben jeweils im Sommer, unten im Winter

Eines muss klar sein, Dieselkraftstoff hat mit ca. 0,83 g/cm³ gegenüber Benzin mit ca. 0,76 g/cm³ eine um etwa 10 Prozent höhere Dichte. D.h. man tankt mit einem Liter Diesel auf jeden Fall mehr Energie als mit einem Liter Benzin. Aber das haben Sie vielleicht schon immer geahnt. Es sind sogar mehr als 10 Prozent, nämlich durch andere Zusammensetzung mit mehr Kohlenstoffanteil ca. 13 Prozent.

Was ist nun der eigentliche Unterschied zwischen einem Dieselmotor und einem Benziner. Wir bemühen zu diesem Vergleich zwei Direkteinspritzer. Sie wissen auch vermutlich schon, dass es seit der massenhaften Einführung des Benzin-Direkteinspritzers nur noch einen wirklich klar auch von außen wahrnehmbaren Unterschied gibt: Der Benziner braucht eine elektrische Zündanlage, der Diesel nicht.

Und dieser Unterschied sagt alles über die Anforderungen an das Brennverfahren. Der Dieselmotor muss so viel innere Wärme haben, dass schon beim Einspritzen der Kraftstoff sich selbst entzündet. Erhält er diese

Wärme nicht durch sein geometrisches Verdichtungsverhältnis, dann vielleicht durch Auflading, in der Regel ein Abgas-Turbolader. Reicht das immer noch nicht, z.B. beim Kaltstart, dann muss der Brennraum in der Regel elektrisch vorgewärmt werden.

Wenn Sie die entsprechende videotechnische Möglichkeit haben, schauen Sie sich einmal an, wie so ein super fein zerstäubter Einspritzstrahl während des Einspritzens zunächst an den Rändern zündet. Meist bevor er irgendwo auftrifft, brennt er schon fast durch, alles ein Ergebnis dieses unglaublich hohen Drucks und der minimalsten Mengen bei bis unter 1 Millisekunde Einspritzdauer. Das alles braucht der Benziner nicht, auch nicht als Direkteinspritzer.

Wussten Sie, dass die ersten ihrer Art schon mit dem Einspritzen begannen, als das Einlassventil noch offen war? Bei denen war nur wichtig, dass von dem kostbaren Nass nichts während einer eventuellen Überschneidung unverbrannt in die Abgaskanäle entwich. Im Prinzip kann im gesamten Zeitraum von Ende der Überschneidung bis zum Beginn der Zündung eingespritzt werden.

Ein völliger Unterschied zum Diesel trotz nominell gleichen Verfahrens. Es ist einfach so, dass ein Benzin-Luftgemisch zu warten hat, bis ein Zündfunke kommt, und das bei einem gut funktionierenden Motor auch tut. Und dann die Unterschiede in den Drücken. Wer beim Ansaugen einspritzt, braucht natürlich erheblich weniger als zu Spitzenzeiten des Verdichtens.

Im Prinzip würden die Drücke von 3 bis 4 bar eines gewöhnlichen Saugrohr-Einspritzventils reichen. Allerdings hat man da auch früher schon mit mehr Druck wie beispielsweise 18 bar eingespritzt. Heute spritzt man während des Ansaugens und/oder des Verdichtens ein, aber immer noch früher als beim Dieselmotor. Dadurch entsteht dann der berühmte Unterschied von max. 200 zu mehr als 2.000 bar, was abgesehen von der Zeitregelung eine wesentlich aufwändigere und damit teurere Anlage bedeutet.

Direkt ist anscheinend immer teurer als warten. Und jetzt kommen wir zum Knackpunkt, nämlich zurzeit für die Gemischbildung. Die ist beim Dieselmotor sehr knapp bemessen. Was ist in dieser Zeit zu tun?

$$C_8H_{16} + 12\ O_2 = 8\ CO_2 + 8\ H_2O$$

Wenn Sie sich die obige Formel noch einmal anschauen, wird Ihnen vielleicht schon klar, dass es nicht so einfach für die 8 C- und 16 H-Atome ist, zu den

24 O-Atomen zu kommen. Zumal die sich ja auch noch unter fast 4 Mal so vielen Stickstoffatomen in der Luft verbergen. Und wenn die Zeit drängt, ist eine vollständige Verbrennung nur möglich, 1wenn statistisch die 1,4-fache Luftmenge zur Verfügung steht.

> 14,8 kg Luft zu 1 kg Kraftstoff -> Lambda gleich 1

▢❚❚❚ Verbrennung 2

Abbildung 107

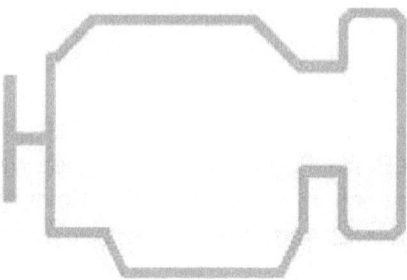

Besichtigt man den Glasanbau in Bad Cannstatt bei Stuttgart, die ehemalige Wirkungsstätte von Daimler und Maybach, stößt man in der Ecke auf einen Behälter mit der Aufschrift 'Petroleum' (Bild unten). Nun ist Petroleum eher als (Kraft-) Stoff für Diesel- als für Benzinmotoren bekannt. Diesels Versuchsmotoren liefen damit und noch der ab 1961 gebaute Mercedes 190D erlaubte wahlweise die Verwendung von diesem Kraftstoff. Kann es sein, dass die beiden knapp 15 Jahre vor Rudolf Diesel an einem solchen Motor arbeiteten?

Abbildung 108

Auch war der Kraftstoff schon der Ansaugluft beigegeben und wurde nicht extra eingespritzt bzw. zusammen mit Luft zum Zündzeitpunkt eingeblasen. Der Dieselmotor hat also einen genau festlegbaren, genau wie der spätere Benzinmotor. Bei ihm ist fällt er mit dem Einspritzzeitpunkt zusammen, während beim Benziner die elektrische Zündung den Prozess in Gang setzt. Und genau die hatte der erste Motor mit Glührohrzündung noch nicht.

Damit haben wir die beiden charakteristischen Merkmale des Dieselmotors beisammen. Er verdichtet hoch, spritzt zum Zündzeitpunkt ein und zündet selbst. Da der Benziner inzwischen auch direkt in den Brennraum einspritzt, bleibt allerdings für den Dieselmotor nur noch die fehlende elektrische Zündung. Es gibt sogar schon (Versuchs-) Motoren, die während der Fahrt auf Selbstzündung ohne elektrische Hilfen umschalten und damit zeitweise 'dieseln'.

Das war früher übrigens ein Schimpfwort für den Benziner. Wenn der z.B. (nach-) dieselte, dann lief der noch mehr oder weniger unruhig, obwohl er schon längst ausgeschaltet war. So konnte z.B. glimmende Ölkohle immer wieder neue Zündungen auslösen. Hielt sich das dran, so musste der Motor tatsächlich gewaltsam abgewürgt werden. Aus der Zeit stammt die Abschaltung der Kraftstoffzufuhr im Vergaser per Magnetventil.

Flüssiggas	unter 30°C
(Spezial-) Leichtbenzin	30 - 100°C
(Auto-) Schwerbenzin	100 - 150°C
Kerosin, Petroleum	150 - 250°C
Diesel, leichtes Heizöl	250 - 300°C
Schweröl, schweres Heizöl, Bitumen	über 300°C

Hier haben Sie die unterschiedlichen Ebenen, aus denen beide Stoffe aus dem Destillationsturm herauskommen, mit entsprechend unterschiedlichen Temperaturen.

	Dichte	Heizwert	CO_2	ROZ	MOZ
Super 95	0,75 kg/l	42,3MJ/kg	73,3 g/MJ	95	85
Ethanol	0,79 kg/l	28,4MJ/kg	67,4 g/MJ	11	94
Methanol	0,79 kg/l	19,9MJ/kg	69,1 g/MJ	94 – 111	90-96
Erdgas	0,01 kg/l	45,1MJ/kg	60,8 g/MJ	120 – 130	120-130
Diesel	0,83 kg/l	3,1 MJ/kg	74,4 g/MJ		
Biodiesel	0,88 kg/l	37,6MJ/kg	75,3 g/MJ		

1 MJ = 0,277 kWh

▫︎▮▮ Abgas 1

Abbildung 109

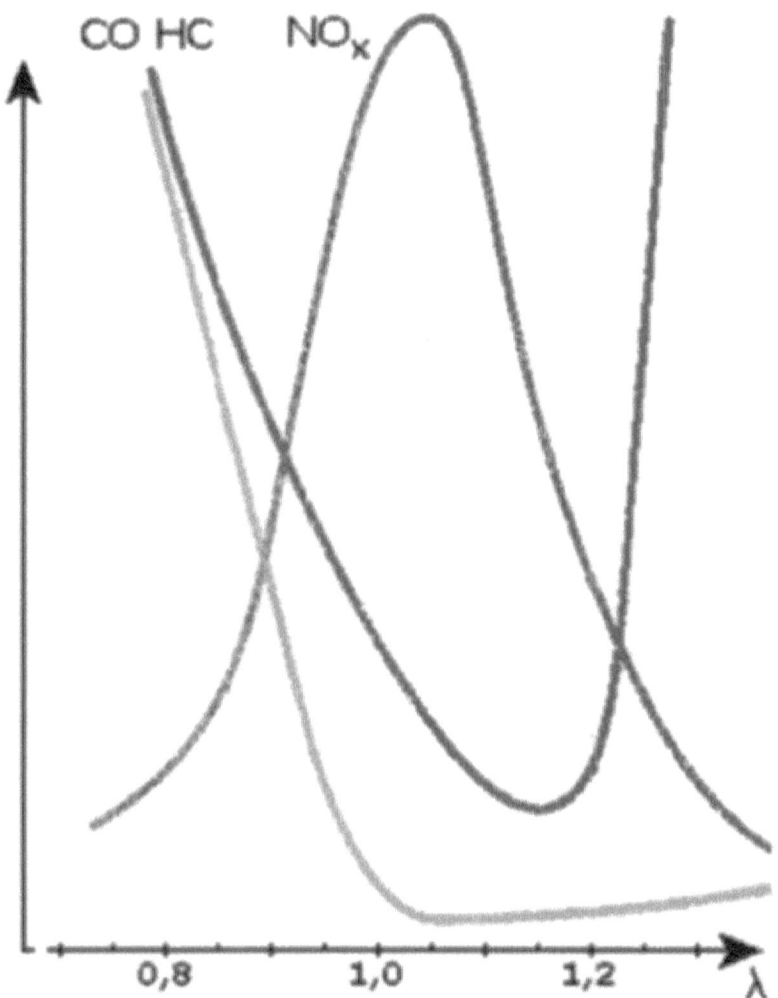

Noch einmal im Klartext: Der Dieselmotor braucht bei unendlich viel Zeit eigentlich genau so ein Lambda gleich eins wie der Benziner, vielleicht ein wenig korrigiert durch sein leichtes Mehr an C-Atomen. Aber dem Benziner bleibt in jedem Fall, auch bei Direkteinspritzung, mehr Zeit zur

Gemischbildung. Außerdem ist die elektrische Zündung sicherer als die Selbstzündung beim Dieselmotor.

Mit seiner immer kurzen Zeit zur Gemischbildung läuft der Diesel möglichst ständig mit mindestens Lambda gleich 1,4. Da können Drall-Systeme zwar helfen, aber an dem prinzipiellen Unterschied ändern sie nichts. Ein Drall-System wäre z.B. die Drehung des Zylinderkopfs für den einzelnen Zylinder um 45° oder ein spiralförmiger Einlasskanal bis zu den Einlassventilen.

Jetzt könnte man natürlich umgekehrt fragen, warum man denn beim Benzinmotor immer wieder dieses Lambda gleich 1 hervorhebt. Natürlich gelingt eine Zündung auch mit Lambda gleich 1,1, was ein um 10 Prozent magereres Gemisch bedeutet. Oder ein mit Lambda von 0,9 entsprechend fetteres. Dieses brennt sogar so gut, dass die Leistung ansteigt, während bei dem um 10 Prozent mageren Gemisch der Kraftstoffverbrauch am optimalsten ist.

Nein, beide Bereiche und schon gar nicht die dahinter liegenden kommen für den Benzinmotor infrage, obwohl er bei 20 Prozent Abweichung vermutlich auch noch laufen würde, bis irgendwann bei zu viel Kraftstoff die Zündkerze nass würde oder das Gemisch zu mager wäre, um zündfähig zu sein. Nein, alle Bereiche jenseits von 0,05 Prozent Abweichung scheiden für unsere nächsten Überlegungen aus.

Und das ist ein ehernes Gesetz seit der Abgasentgiftung durch Drei-Wege-Katalysatoren. Wir werden später noch relativ aufwändige Ausnahmen von dieser Regel sehen, aber jetzt bleiben wir erst einmal dabei. Es ist nämlich so, dass dieser Katalysator deshalb mit dem Stichwort 'Drei-Wege' belegt ist, weil er das Missverhältnis von CO, CH und NOX wieder in Ordnung bringt.

Die drei, in Wirklichkeit steht das NOX für mehr, sind Zeichen einer misslungenen chemischen Reaktion. Es hat eben nicht, wie oben bereits beschrieben, jedes C- und H-Atom sein(e) O-Atom(e) gefunden. Und wenn man nicht das findet, was man sucht, dann greift man eben zum Kompromiss. Hinzu kommt, dass Sauerstoff nun mal nicht gern allein sein mag und zu einem anderen Sauerstoff-Atom greift.

Bei der Verbrennung ist also etwas schiefgelaufen. Entweder war die Zeit zur Gemischbildung zu knapp oder in einem Teil des Brennraums hat sich ein magereres und im anderen ein fetteres Gemisch gebildet. Egal, der Drei-Wege-Kat bügelt es aus, zur Freude der Umwelt. Deshalb gibt man ihm bisweilen noch das Attribut 'Zweibett' mit auf den Weg.

Was heißt denn das schon wieder? Wenn Sie sich die drei Schadstoffe etwas genauer anschauen, muss Ihnen doch klar werden, dass nur CO zu CO_2, CH ebenfalls zu CO_2 und H_2O und NO_x zu Stickstoff gesunden muss. Klar ist jetzt hoffentlich auch, dass die ersten beiden Fälle zur Rubrik 'Oxidation' und der letzte Fall zur 'Reduktion' gehören. 'Zwei-Bett' meint genau das, nämlich es finden beide chemischen Vorgänge gleichzeitig statt.

▢||| Abgas 2

Abbildung 110

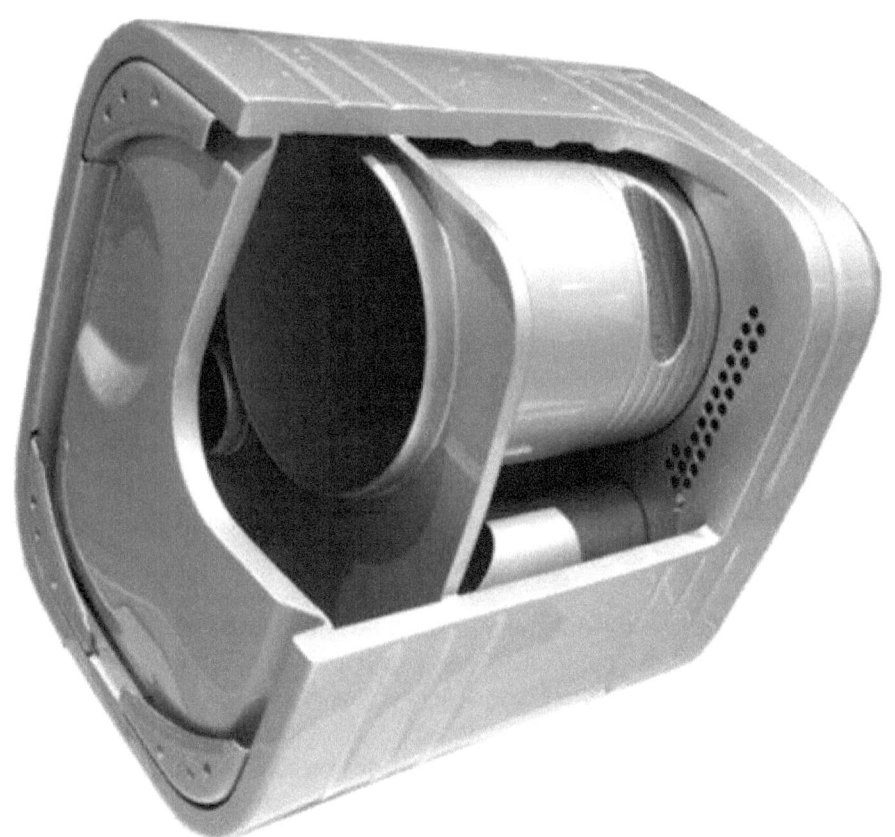

Verrückt oder? Den einen Schadstoff mit dem anderen 'kurieren'. Nein, gar nicht verrückt, weil hier durch 'Nachverbrennung' nur das in Ordnung gebracht wird, was vorher wegen Zeitmangel und ungenügender Durchmischung versaut wurde. Aber eine wichtige Bedingung ist an dieses Verfahren geknüpft: Alle Beteiligten müssen im richtigen Massenverhältnis vorhanden sein. Und das geht eben nur bei Lambda gleich 1.

Auch ein Lkw kann einen 3-Wege-Katalysator haben, so wie er oben abgebildet ist. Zwar kann der Dieselmotor damit nichts anfangen, aber Lkws oder besser Busse können Erdgasmotoren haben. Da finden sich dann auch eine richtige elektrische Fremdzündung und ein sehr großvolumiger Benzinmotor. Und der braucht halt immer einen solchen Katalysator.

Ja, es gibt sie, die bewusste Umgehung der Lambda-1-Regel. Das kommt von der dem Benziner auferlegten Pflicht zu weniger Verbrauch bzw. mehr Wirkungsgrad, nachdem seine Aufgaben zu weniger schädlichen Abgasen als weitgehend erfüllt angesehen wurden. In dieser Phase ging es dem Dieselmotor genau umgekehrt: Er galt als sparsam, aber nicht als genügend abgasarm.

Interessant ist, dass sich der Benziner durch diese Anforderungen technisch dem Dieselmotor genähert hat. Neben der Umstellung von Saugrohr- auf Direkteinspritzung, deren Vorteile Sie im Buch über Benzineinspritzung nachlesen können, wurde nun auch zunehmend die Drallbildung angewandt. Die Idee dahinter ist, der Zündkerze ein genügend zündfähiges Gemisch anzubieten und im übrigen Brennraum ein mageres Gemisch zu verteilen.

Die Schichtbildung im Brennraum war geboren, ist aber eigentlich auch kein neues Thema. Merken Sie, wie wir uns langsam dem Wert Lambda gleich 1,4 des Dieselmotors nähern? Die Techniken zur Realisierung sind allerdings vielfältig, neu und entsprechend schwierig. Sie müssen sich das einmal vorstellen: Da soll ein Kolben bei Drehzahlen von 1.000 bis 6.000/min und unterschiedlichster Last eine immer exakt vorgeschriebene, ungleiche Verteilung von Gemisch im Brennraum realisieren.

Daran ist natürlich nicht nur der Kolben beteiligt. Das betrifft die Lage der Ventile, überhaupt des kompletten Ansaugsystems und auch die Anordnung des Einspritzventils. Der Kolben leistet seinen Beitrag durch einen Kolbenboden, der die Komplexität einer Höhlenlandschaft (Bild unten) bisweilen in den Schatten stellt. Irgendwie kehrt ein Teil der Luft zur Zündkerze zurück und wird entweder dort oder gleich beim Eintritt in deren Nähe mit genug Kraftstoff versorgt.

Abbildung 111

kfz-tech.de/PVe62

Sollte der Eindruck entstehen, das sei ein äußerst selten genutztes Verfahren, so ist hier eine Korrektur fällig. Da der Automobilindustrie kaum Schwierigkeiten unüberwindlich scheinen, wird das Verfahren angewandt, auch weil die EU mit ihren CO_{O2}-Vorschriften Druck macht. Damit bei Ihnen aber nicht nur die beschriebenen Schwierigkeiten haften bleiben, hier noch welche auf der Abgasseite.

▢||| Abgas 3

Abbildung 112

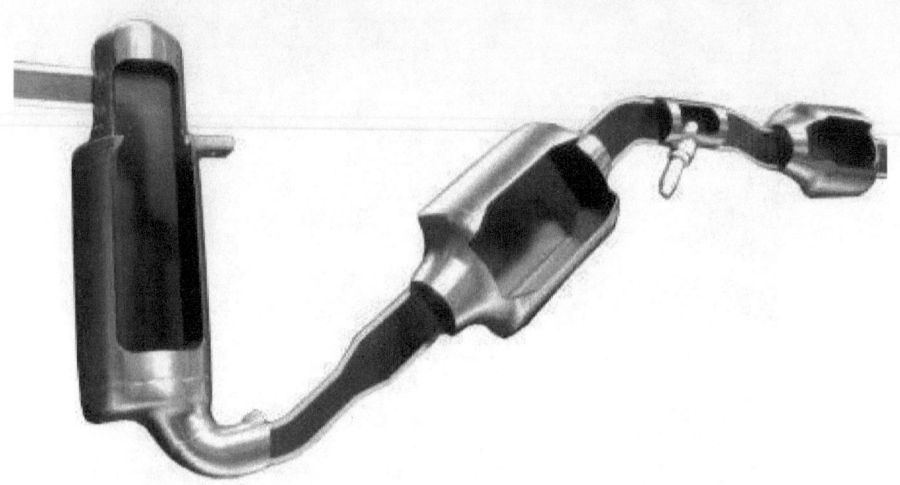

kfz-tech.de/PVe63

Nach dem bisher Gelesenen muss Ihnen klar sein, dass es nun mit einem einzigen Drei-Wege-Kat nicht mehr getan ist. Denn die Verteilung der Schadstoffe hat sich zugunsten der Stickoxide (NO$_X$) geändert. Der übrigbleibende Teil, der vom Kat nicht mehr verarbeitet werden kann, muss nachbehandelt werden. Ein DeNOX-Kat muss her, dessen Name nichts anderes als NOX-Minderer bedeutet.

Eine solche Nachbehandlung bedeutet natürlich zusätzlichen Aufwand. NOX-Speicherkats werden sie genannt. Wie der Name schon sagt, wird dort das Zuviel an Stickoxiden so lange gespeichert, bis eine kurzzeitige Anfettung für den Abtransport sorgt. Unter dem Strich kommt trotz der Regeneration immer noch eine Ersparnis heraus. Voraussetzung ist allerdings schwefelarmes Superbenzin der Extraklasse.

Es gibt Einschränkungen für den Gebrauch der Schichtladung. Natürlich taugt sie nur für den Teillastbereich. Leider war dieser bei den ersten FSI-Motoren von VW so knapp bemessen, dass man bei 130 km/h auf der Autobahn schon längst wieder im homogenen Modus war. Deshalb hat sich das Verfahren nicht bewährt, obwohl der Name beibehalten wurde.

Andere Hersteller haben später damit begonnen und es bis heute durchgehalten. Da wird dann, wie seinerzeit bei VW, mit sogenannten 'Tumble'-Klappen gearbeitet. Das sind eigentlich zusätzliche Hemmnisse im Ansaugrohr. Und wenn man es genau nimmt, sollten die nicht sein, denn grundsätzlich behindern sie alle das möglichst ungehinderte Ansaugen des Motors.

Daher kommt ja gerade ein Teil des Diesel-Verbrauchsvorteils. Er braucht halt keine Drosselklappe. Der Name enthält schon die 'Drosselung', immer ein Zeichen für leicht eingeschränkten Wirkungsgrad. Da gibt es Hersteller wie z.B. BMW, die sogar beim Benziner die Drosselklappe in weiten Bereichen wegrationalisieren, indem sie diese Funktion voll-variabel öffnenden Einlassventilen übertragen.

Und halten Sie sich nicht an historischen Dieselmotoren zu findenden, sogenannten Regelklappen auf. Die waren wegen der Regelung der Einspritzpumpe nötig. Und auch die bei neueren Motoren komplett den Ansaugkanal verschließenden Klappen tangieren obige Feststellung nicht. Die haben nur die Aufgabe, den Motor ohne weitere Mucken abstellen zu können, werden also nur dann geschlossen.

Nein, eigentlich geht es um einen Teilverschluss des jeweiligen Ansaugkanals in bestimmten Betriebsbereichen. Natürlich nicht bei Volllast und auch nicht beim Motorstart und Schiebebetrieb. Ist nur ein Kanal pro Zylinder vorhanden, kann der teilverschlossen werden, bei zwei Kanälen kann einer auch komplett gesperrt werden.

Hier ist dann offensichtlich die Erhöhung des Wirkungsgrades durch den dadurch gebildeten Drall und die anschließende Schichtladung höher als der Verlust durch die Drosselung. Tumble-Klappen gibt es sowohl für

Dieselmotoren als auch für direkt-einspritzende Benziner. Egal wie der Drall verläuft, es geht immer um das Prinzip der leichten Anfettung im Bereich der Zündkerze und der deutlichen Abmagerung weiter weg.

▢▮▮▮ Qualität/Quantität 1

Abbildung 113

Zentrale Drallklappe

Und beim Dieselmotor? Bei dem könnte man im Prinzip auch den Lambdawert bestimmen. Tut man auch, denn es gibt inzwischen ja auch Lambdasonden beim Dieselmotor. Aber zum Zeitpunkt des Einspritzens ist da erst einmal reine Luft um den Einspritzstrahl herum. Übrigens bedeutet natürlich der viel höhere Einspritzdruck zunächst einmal Verlust von Wirkungsgrad.

Wie der Dieselmotor diesen Verlust bei Teillast nicht nur aufholt, sondern den Benziner in diesem Betriebszustand in jeder Hinsicht übertrumpft, das schauen wir uns jetzt einmal genauer an. Ob Drallklappen (Bild oben), besondere Einlasskanal-Führung (Bild unten) oder sonstige Maßnahmen, Bewegung im Luftstrom ist auf jeden Fall willkommen.

Abbildung 114

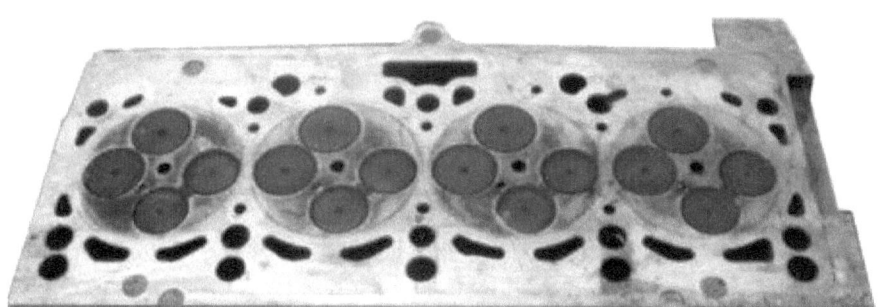

In diesen, durch den hohen Druck der Verdichtung entstehende Hitze wird jetzt unter noch viel höherem Druck Kraftstoff eingespritzt, der zumindest an den Rändern sofort verbrennt. Eigentlich ist dem Dieselmotor egal, wie viel Luft im Brennraum vorhanden ist. Sein Einspritzstrahl reagiert immer nur auf den Sauerstoff, der möglicherweise durch Luftbewegung an ihn herangetragen wird.

Stellen Sie sich vor, eine Rakete entwickelt z.B. 19 Mio. kW (26 Mio. PS) auch im luftleeren Raum, muss aber zusätzlich zum Treibstoff auch den Sauerstoff mitnehmen. Und nur durch das richtige Zusammenfügen der beiden kann durch Verbrennung ein solch kräftiger Rückstoß entstehen. Das ist allerdings beim Dieselmotor nicht so. Hier wirkt die Druckerhöhung auf den Kolben.

Aber wir sprechen hier von einer Qualitätsregelung. Man sagt, der Dieselmotor spritzt in die immer gleiche Luftmenge je nach verlangtem Drehmoment unterschiedlich viel Kraftstoff ein. Natürlich ist die Luftmenge nicht wirklich immer gleich groß, wird z.B. bei hoher Drehzahl auch geringer. Aber es bleibt dabei, es ist immer zu viel Luft vorhanden. Der Lambdawert ist also mindestens etwa 1,4, kann aber bis 4 und mehr steigen.

Ganz anders der Benzinmotor. Ist dessen Gemisch zu mager, dann bewirkt eine noch so gute und genaue Zündung überhaupt nichts. Bei einem Lambda von 1,4 tut sich bei den meisten Benzinern nichts mehr, es sei denn, man hat Schichtladung. Die meiste Leistung bringt er sogar bei leicht fettem Gemisch (Lambda=0,95). Sparsamer ist er nur bei leicht magerem Gemisch (Lambda=1,05).

Aber ein Gemisch in diesem Lambda-Bereich muss man der Zündkerze anbieten, sonst erlebt man eine Betriebsstörung nach der anderen. Man sagt den alten Dieselmotoren nach, dass sie leider bei einer verstellten Gemischbildung im Gegensatz zu einem Benzinmotor immer noch laufen. Besser sie würden ihren Dienst einstellen und die Störung würde behoben.

Der Benzinmotor arbeitet also nach dem Prinzip der Quantitätsregelung. Entscheidend ist bei ihm die Menge an Lift-Kraftstoff-Gemisch, dessen Zusammensetzung möglichst immer gleich sein soll. Allerdings wird diese Regel bei einem gewöhnlichen Benzinmotor in verschiedenen Betriebszustände verlassen, beim Kaltstart sehr stark, weil Kraftstoff sich an Ansaug- bzw. Zylinderwänden niederschlägt, evtl. nicht mehr zur Verbrennung zur Verfügung steht und die Mischung entsprechend angefettet werden muss.

Und auch beschleunigen, also in eine höhere Motordrehzahl wechseln kann der Benzinmotor nur durch Zugabe von Kraftstoff. Da steht dann im ersten Moment nicht mehr Luft bereit, was ein fetteres Gemisch bedeutet. Ist die höhere Drehzahl erreicht, nimmt z.B. das Motormanagement das Mehr an Kraftstoff wieder zurück. Hier ist auch eine Sparmöglichkeit durch Hybridantrieb verborgen. Denn bringt ein E-Motor den Verbrenner auf höhere Drehzahl, kann man sich die Anfettung sparen.

◻||| Qualität/Quantität 2

Abbildung 115

kfz-tech.de/PVe64

Dem Benziner kann man also nicht die stets gleiche Luftmenge mit mehr oder weniger Kraftstoff zur Verfügung stellen. Man muss demnach stets Luft- und Kraftstoffzufuhr regeln. Man nennt das 'Quantitätsregelung', weil sich im Gegensatz zum Diesel die Zusammensetzung (Qualität) nicht ändert, aber die Gesamtmenge (Quantität).

Man drosselt also und büßt dadurch schon gegenüber dem Dieselmotor kleine Prozente an Wirkungsgrad ein. Außerdem fährt man wegen dem bestmöglichen Ausgleich der Schadstoffe im 3-Wege-Kat mit Lambda=1, obwohl Lambda=1,05 sparsamer wäre. Da hat der Dieselmotor einen weiteren Vorteil.

Es ist einfach so, dass hier jedes Kohlenstoff-Atom mehr als ein Sauerstoff-Atom zur Auswahl hat und es deshalb in der Kürze der Zeit auch findet, zumindest bei nicht zu hohen Drehzahlen. Beim Benziner sind im Prinzip die dem Kohlenstoff zuzuordnenden Sauerstoff-Atome durch Lambda=1 abgezählt und deshalb schwerer zu finden, bei allerdings mehr Zeit.

Verdächtig ist die Bezeichnung 'Nachverbrennen' für die Oxidation im nachgeschalteten 3-Wege-Katalysator. Der gleicht also nicht stattgefundene Verbrennung aus. Das ist gut für die Abgase, vertuscht aber gewissermaßen, was an Wirkungsgrad im Brennraum verloren gegangen ist. Besser, auch die Verbrennung hätte dort stattgefunden.

Alles das kann dem Dieselmotor eher nicht passieren. Bei ihm muss weder der Luftstrom gedrosselt werden, noch bleibt bei der Gemischbildung viel nach zu verbrennen. Jetzt verstehen Sie vielleicht, warum er als guter Teillast-Futterverwerter zuerst in Pkws eingesetzt war, die als Taxen ihren Dienst taten. Die hatten den geringen Verbrauch im Auge und übersahen die lahme, laute und ruppige Leistungsentfaltung.

Übrigens hat das Taxi-Gewerbe noch einen anderen Effekt berücksichtigt. Der Dieselmotor verkraftete die häufigen Kaltstarts besser. Denn wenn möglichst viel Kraftstoff verbrennt, kann weniger das Öl verdünnen. Das hat sich inzwischen ein wenig geändert. Denn wenn zusätzlicher Kraftstoff zur Beseitigung der Stickoxide eingespritzt wird, ist eben doch Ölverdünnung und sogar Aschebildung im DeNox-Kat möglich.

So, es ist höchste Zeit auch etwas für den Benzinmotor zu tun. Denn wir erklimmen jetzt höhere Drehzahlen. Da wird auch dem Dieselmotor die Luft eng. Früher reagierte er auf Volllast mit ausgeprägtem Rußen. Schwarzrauch ist ein ausgesprochen sicheres Zeichen für Sauerstoffmangel. Während der Benzinmotor sein fein austariertes Gemisch beibehält.

Es kommt für den Dieselmotor noch schlimmer. Da er beim Einspritzen sofort (selbst) zündet, kann dieser Vorgang nicht beliebig weit auseinandergezogen werden. Der Benziner kann auch als Direkteinspritzer über einen viel längeren Zeitraum hinweg Gemisch bilden. Jetzt verkehren sich Vor- und Nachteile: Der Dieselmotor erreicht die Maximaldrehzahl des Benziners nicht.

Immerhin, bei Pkw-Dieselmotoren sind 5000/min und sogar etwas mehr inzwischen wieder möglich. Hier hatte die Einführung auf Direkteinspritzung zunächst eine enorme Beschränkung der Nenndrehzahlen erbracht. Inzwischen hat er sich also davon ein wenig erholt. Wenn man ihn allerdings mit hochdrehenden Benzinmotoren vergleicht, dann kann der Unterschied enorm sein.

Welcher Motorrad-Fan außer bestimmten Cruiser-Freunden würde sich mit Drehzahlen eines Dieselmotors begnügen? Wie hoch war auch noch die absolute Spitzen-Drehzahl bei der Formel-1? Knapp 20.000/min? Übrigens wird ein Dieselmotor bei drehzahlmäßiger Überanstrengung auch leicht zum Säufer. Interessant allerdings, dass besonders auch mit Turbolader der Benziner sich neuerdings bei der Nenndrehzahl dem Diesel annähert.

▢▨▨ Verbrennung 3

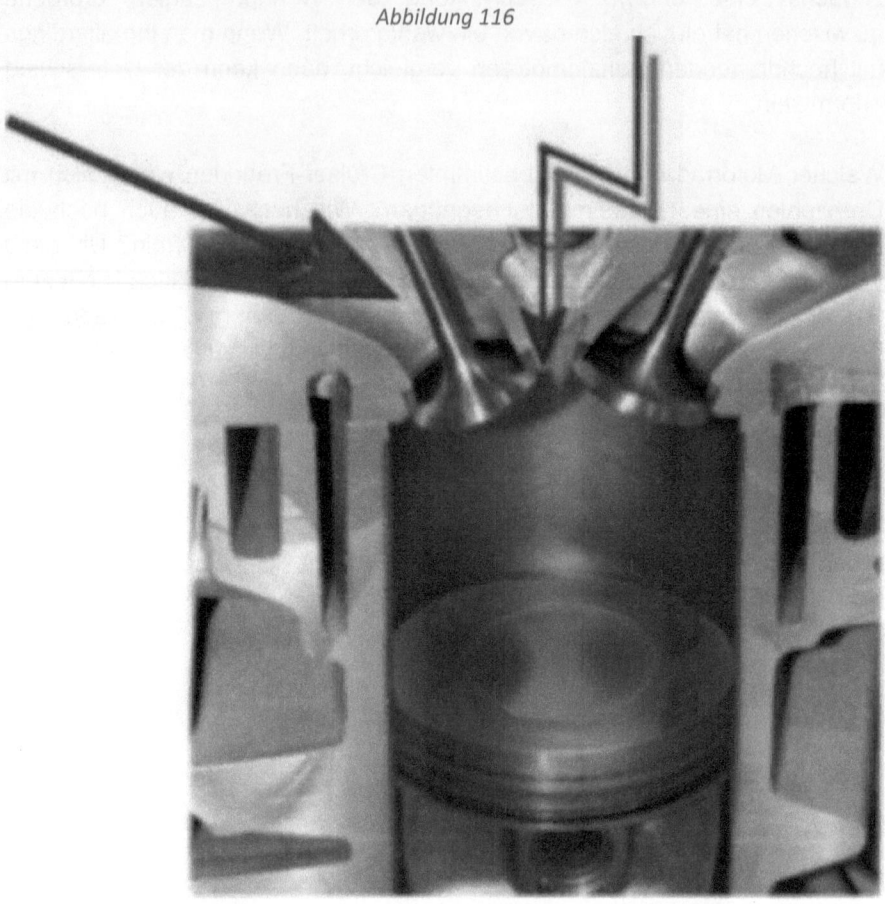

Abbildung 116

Aus dem Lateinischen kommend heißt 'Motor' eigentlich der 'Beweger'. Also kann ein Motor noch so schön anzuschauen sein, er nützt uns nichts, wenn sich nichts dreht. Früher gab man sich deshalb oft nicht mit einem Blick unter die Haube zufrieden. Man ließ auch an einem Neuwagen die Ventildeckel abbauen und den Motor sich im Leerlauf bewegen.

Übrigens war es bei abgenommenem Ventildeckel gut, wenn nicht allzu viel Gas gegeben wurde, weil dann das Öl einigermaßen ruhig blieb. Es soll aber auch in dieser Richtung keine Schäden oder zumindest Malheure gegeben haben. Keine Ahnung, wie ein potenzieller Kunde reagierte, wenn ihn umherspritzendes Motoröl traf.

Jedenfalls kann man also die Motorsteuerung im Leerlauf gerade noch so arbeiten sehen, dass man versteht, was sie macht. Die Tatsache, dass Einlass- und Auslassventile zu verschiedenen Zeiten öffnen, wird schon fast durch den schnellen Ablauf der Ereignisse überdeckt. Vermutlich würde man bei 6000/min überhaupt nichts mehr sehen außer vibrierenden Teilen.

6.000 Touren sind eine gute Drehzahl um zu rechnen. Von den Motoren bleibt hier nur der Benziner übrig. Der Pkw-Diesel hat irgendwo bei 5000/min seine Grenzdrehzahl, der Lkw-Diesel bei 2.000-2500/min. Aber 6000/min lässt sich gut durch 60 teilen und ergibt 100/sec. Sie können aber auch sagen, eine hundertstel Sekunde pro Umdrehung.

Da wir noch feinere Einteilungen brauchen werden, gehen wir von 10 tausendstel Sekunden oder 10 ms pro Umdrehung aus. Sie sehen, dass selbst die Millisekunde nicht ausreicht, denn immerhin legt in einer die Kurbelwelle 36° zurück. Das klingt zwar nach sehr wenig, aber immerhin hat in der Zeit der Kolben ein Fünftel seines Weges nach UT zurückgelegt. Wenn ich Ihnen jetzt noch sage, dass für die Verbrennung ca. 1 bis 2 ms nötig sind . . .

Heute stellt man die Zündung nur noch selten ein. Früher war das bei jeder Inspektion ein wichtiger Bestandteil. Wenn man bedenkt, dass man versuchte, z.B. die fünf Grad vor OT exakt einzuhalten. Und dann hat man auch noch die Verstellung nach vorne geprüft. Dabei entsprachen also 3,6° exakt einer Zeiteinheit von einer zehntausendstel Sekunde.

Was passiert eigentlich in dieser Zeitspanne, die etwa 60° Kurbelwinkel entspricht? Klar, an der Zündkerze springt ein Funke über. Für den Motor als Beweger ist das noch nicht von Bedeutung. Übrigens werden jetzt zu beschreibende Vorgänge als Verbrennung beschrieben, sind also immer noch nicht schnell und sich gewaltig steigernd genug, um unseren Motor als Explosionsmotor zu bezeichnen.

Das liegt z.B. am Benzin. Es ist ein vergleichsweise nicht besonders schnell reagierender Stoff, was allerdings seine endgültige Wirkung nicht unbedingt schwächer macht. In seinen Molekülen ist der Kohlenstoff kettenförmig angelegt. Da dieser vierwertig ist, bleiben zwei Bindungen für Wasserstoffatome oder Querverbindungen frei.

Benzin hat eine in dieser Hinsicht belastungsfähigere Struktur als Dieselkraftstoff, gilt als zündunwilliger. Das wird ihm in der Raffinerie auch anerzogen. Es schlägt sich in der Oktanzahl nieder. Je höher die ist, desto zündunwilliger ist das Benzin. Dieselkraftstoff soll im Gegenteil dazu besonders zündwillig sein. Diesen Unterschied merkt man natürlich so nicht, wenn man eine offene Flamme an beide Stoffe hält.

Man hat eher den gegenteiligen Eindruck. Zündwilligkeit darf man nicht mit Entflammbarkeit verwechseln. Erstere könnte man nur testen, indem man, offene Flammen meidend, beide Treibstoffe unter Druck und Wärme setzen würde. Trotzdem muss grundsätzlich die Kette der Kohlenstoffe aufgespalten werden. Man teilt den Prozess in zwei Teile, wobei der eigentliche Druckanstieg erst in der zweiten Phase erfolgt.

Chemisch gesehen ist die Zündwilligkeit ein Maß für die Bereitschaft zu Reaktionen. Die ist eher gegeben, wenn sich z.B. eine Elektronenpaarbindung, also ein Austausch von Elektronen benachbarter Atome, leichter aufbrechen lässt. Geschieht das, entstehen sogenannte Radikale des Kohlen- und Wasserstoffs, die dann mit Sauerstoff reagieren (= Verbrennung).

Klopffestigkeit ist das Gegenteil der Zündwilligkeit, beim Benzin je nach Verdichtung und Motorkonstruktion in unterschiedlichem Maß verlangt. Es hat lange Zeit mehr Aromaten enthalten, ungesättigt mit ringförmiger Struktur. Allerdings ist z.B. Benzol seit etwa der Jahrtausendwende verboten, weil krebserregend, ebenso das zuvor benutzte Bleitetraäthyl. Ein möglicher und schon seit langem bekannter Ersatzstoff ist Alkohol.

Die geforderten Oktanzahlen beim Benzin sind bekannt, stehen zumeist im Ausland sogar an den Zapfsäulen. Beim Diesel ist das nicht so, vermutlich weil hier einheitlich eine Cetanzahl von 51 gefordert wird. Hier sind mehr Kohlenstoffketten mit geradem Verlauf und wenig Querverbindungen gefragt. Wenn man also die Selbstzündung bei einem Benzinmotor als Klopfen bezeichnet, dann ist der Dieselmotor auf klopfende Verbrennung geradezu angewiesen.

▢▮▮▮ Verbrennung 4

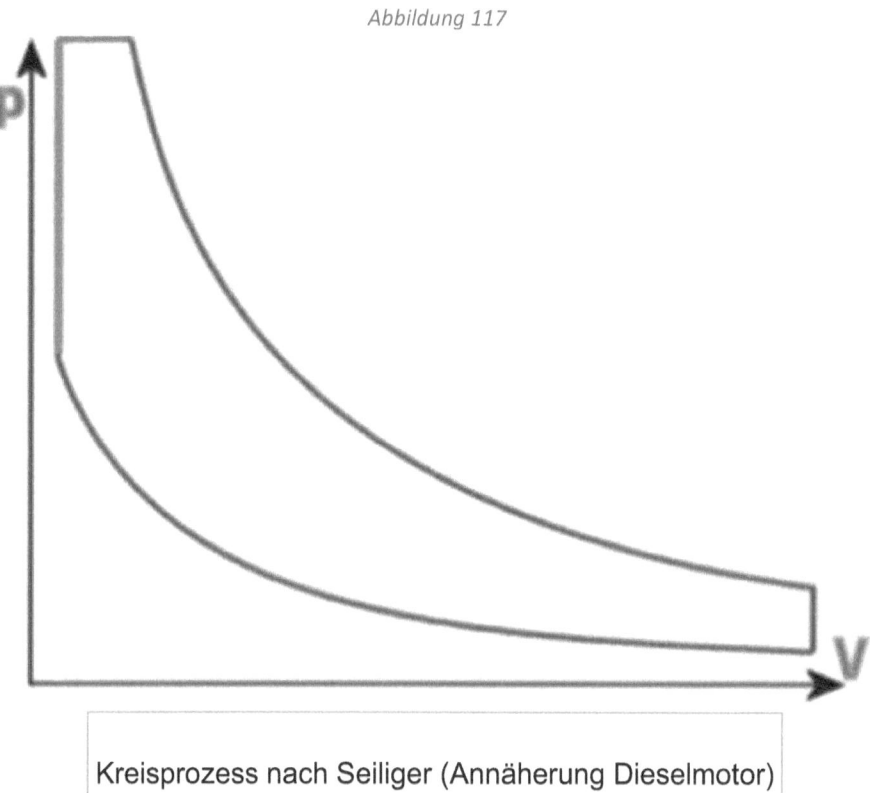

Abbildung 117

Kreisprozess nach Seiliger (Annäherung Dieselmotor)

Eigentlich reicht es, von dem ersten Teil der Zündung, der etwas länger als eine tausendstel Sekunde dauert, nur ein paar Stichworte preiszugeben. Es geht darum, bei der Aufspaltung der Molekülketten über Zwischenprodukte sogenannte freie Radikale zu bilden. Wie der Name schon andeutet, sind diese sehr reaktionsfreudig und in der Lage, die eigentliche Kettenreaktion nicht nur einzuleiten, sondern auch heftig zu steigern.

Typisch für eine solche Kettenreaktion ist das Entstehen von weiteren freien Radikalen durch Auftrennung auch von reaktionsträgen Molekülen. Wenn diese Reaktionen sich vom 5000°C heißen Lichtbogen der Zündkerze in alle Richtungen relativ gleichmäßig ausbreiten, können Sie ahnen, wie wichtig eine relativ zentrale Position der Zündkerze ist. Voraussetzung ist natürlich eine einigermaßen gleichmäßige Verteilung von Kohlenwasserstoff-Molekülen.

Turbulenzen entstehen also nicht nur durch Drall beim Ansaugen, sondern natürlich auch durch die Ausbreitung der Flammenfront. Wie gesagt, es ist der kürzere Anteil der insgesamt etwa 2 Millisekunden vom Auslösen der Zündung bis zum Druckanstieg. Je gleichmäßiger sich die Kohlenwasserstoffe verteilen und je nahtloser sie aneinandergereiht sind, desto steiler die Druckkurve. Hilfreich ist hier leichte Anfettung des Gemischs unter Lambda=1.

Umgekehrt würde eine gewisse Abmagerung den Prozess etwas verlangsamen, stärkere Abmagerung sogar zu Störungen führen. Es wäre hilfreich, wenn Sie an dieser Stelle schon einmal bedenken würden, dass also mit abmagernden Maßnahmen die Zündung am besten etwas früher in Gang gesetzt würde. Denn der Druck bringt am meisten unmittelbar nach OT.

Zu früh ist ein Zündzeitpunkt dann, wenn er schon den Lauf des Kolbens nach OT behindert. In der Regel wird man also den etwas größeren Anteil der 2 Millisekunden dauernden Verbrennung, der noch keinen Druckanstieg produziert, in den Verdichtungstakt legen. Das ergibt einen Zündzeitpunkt von mindestens 36° (= 1 ms) vor OT bei 6.000/min.

Interessant ist, dass der Zeitraum für die Verbrennung relativ unabhängig von der Motordrehzahl immer etwa gleich lang ist. Da heißt es, den Zündzeitpunkt drehzahlabhängig zu verschieben. Jetzt wissen Sie, woher z.B. die 6° Zündzeitpunkt bei 1.000/min herkommen oder die knapp 5° bei Leerlaufdrehzahl. Es handelt sich immer um etwa eine Millisekunde.

Früher war die Regelung noch mechanisch. Da konnte man den Verteilerfinger bei Motorstillstand gegen Federkräfte etwas in Drehrichtung bewegen. Ließ man ihn los, kehrte er in seine Ausgangsstellung zurück. Man hat damit die Fliehgewichte am unteren Teil der Verteilerwelle nach außen bewegt. Das taten die beiden steigenden Drehzahlen von selbst und sorgten damit für Frühverstellung.

Manche Benzinmotoren begnügten sich mit dieser Regelung, obwohl es noch eine gegenteilige Anforderung an die Zündung gibt. Es ist die lastabhängige Verstellung, die eine Spätverstellung der Zündung bedeutet. Diese wird notwendig, weil eine größere Last, also z.B. eine Öffnung der Drosselklappe, durch Entdrosselung dem Motor mehr Luft-Kraftstoff-Gemisch zuführt.

Auf den schon beschriebenen Prozess angewandt, führt eine dichtere Struktur der Kohlenwasserstoffe zu schnellerer Verbrennung. Das würde dem Kolben schon im Verdichtungstakt zu stark steigenden Druck bescheren. Also ist hier eine Rücknahme der Zündung nötig. Dies geschieht durch Verdrehung der Platte, auf der die Unterbrecherkontakte montiert sind, gegen die Drehrichtung der Verteilerwelle.

▢||| Verbrennung 5

Abbildung 118

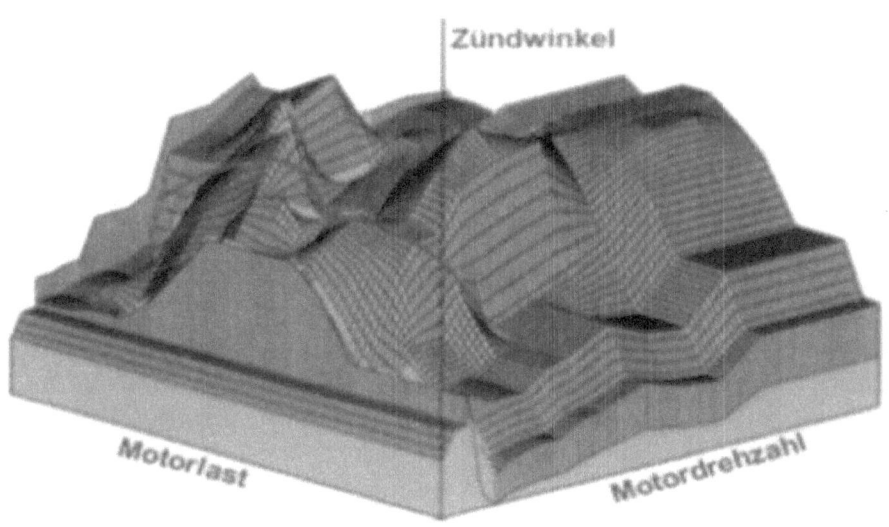

Wie gesagt, wir sprechen hier von Motoren spätestens aus den Siebzigern des vorigen Jahrhunderts. Heutzutage sind die Anforderungen an die Zündverstellung ähnlich, nur die Regelung erfolgt vollkommen unmechanisch sprich elektronisch. Eigentlich ergeben sich aus dem bisher Gesagten zwei Kennlinien. Beide würden auf der y-Achse den Zündwinkel z.B. bis 50° vor OT anzeigen. Bei der Abhängigkeit von der Drehzahl würde diese dann z.B. bis 6.000/min auf der x-Achse abgetragen.

Schwieriger ist das mit der Last. Da könnte man modernen Triebwerken folgen, die z.B. aus dem Signal des Fußfahrgebers eine Lastanforderung (Drehmoment) in Nm bilden. Wir nehmen einfach die nicht modulierte

Spannung des Saugrohr-Drucksensors. Die beträgt bei Atmosphärendruck 4 - 5 Volt und fällt mit dem Unterdruck entsprechend ab.

Allerdings ermöglicht uns die elektronische Regelung ein ganz anderes Vorgehen als früher. Da konnte eine Fliehkraftregelung die Zündung mit steigender Drehzahl nur immer weiter nach vorn verstellen. Natürlich war ein Anschlag möglich. Aber bis dahin ging es nur so, dass ein der Drehzahl proportional zugeordneter Zündzeitpunkt erreichbar war.

Das geht jetzt viel besser. Wir testen den Motor nämlich auf dem Prüfstand und schauen uns bei z.B. um jeweils 100/min gesteigerten Drehzahlen genau an, welchen Zündzeitpunkt der Motor braucht. Ganz einfach ist das nicht, denn wir müssen uns entscheiden, ob wir z.B. höchste Leistung, geringsten Verbrauch oder beste Abgase wollen.

Dann legen wir diese Wertepaare in einen elektronischen Speicher ab. Natürlich reicht uns das noch nicht, denn da ist ja noch die Last. Das kompliziert die Sache. Denn wir haben jetzt einen Ehrgeiz, dem wir früher nicht Rechnung tragen konnten. Wir wollen die Last in jedem Messpunkt von 4 Volt schrittweise absenken.

Geht nicht, sagt der Versuchsleiter, denn das wären dann von 600/min bis 6000/min 54 Messreihen. Nehmen wir für die Last genauso viele an, dann sind das knapp 3000 Messungen. Bei 2 Minuten pro Einjustierung und Messung sind das 100 Versuchsstunden. Da sich aber bei einem Motor auch bei 500/min so viel nicht ändert, kommen wir damit auf 12 * 12 = 144 Messungen.

Der so entstehende Werteteppich wird 'Kennfeld' genannt. Er unterscheidet sich von zwei Kennlinien, weil beim ihm alle Kombinationen mitgeprüft werden. Solche Kennfelder regieren heute die Kfz-Technik, vom Motormanagement bis zum ABS und weiter. Und sollte Ihr Auto Spaß an Tuning bekommen, dann wird dort auch nicht viel anderes gemacht als das werksmäßige Kennfeld geändert, ob es dem Motor guttut oder nicht.

▉▍▎ Kennfeld 1

Abbildung 119

Spannend ist die Frage, wie denn ein Kennfeld abgespeichert wird. Klar muss sein, dass es sich bei Daten um eine in Reihe angeordnete Zahlenwüste handelt. Wer es nicht selbst erstellt hat oder wenigstens seine Struktur kennt, kann damit überhaupt nichts anfangen. Selbst wenn er die Inhalte komplett verändern könnte, er wüsste nicht, was er da täte.

Versuchen wir einmal, Daten in ein Kennfeld einzugeben. Wir machen das jetzt von Hand, was natürlich völlig an der Praxis vorbeigeht. Um es nicht zu kompliziert zu machen, gehen wir von 8 Bit für die Speicherung unserer Zündzeitpunkte aus. Wir könnten also maximal 255 verschiedene Werte eingeben. Wir sagen, früher als 60° vor OT kommt nicht vor, das ist also unser Nullpunkt. Von da aus zählen wir immer weiter über OT hinaus.

5° nach OT wären dann 65. Das müsste also so möglich sein. So jetzt tragen wir die bei 12 verschiedenen Lasten ermittelten Zündzeitpunkte bei 600/min ein, danach die für 1000/min, für 1500/min und so weiter immer 12 Werte. Es müssen 12 Werte sein, ob der Motor in diesem Wert betrieben werden könnte oder nicht. Dann kommt eben eine 255 hinein, wird ja eh' nachher nie abgefragt.

Wenn jetzt im Fahrbetrieb das Steuergerät von den entsprechenden Sensoren z.B. eine Drehzahl von 2900/min und eine Last von 2,7 V erhält, überspringt der Prozessor die ersten 5 * 12 Werte und geht dann in der jetzt folgenden Zahlenkolonne bis zu dem zum Spannungswert von 2,7 V gehörenden Wert. Nehmen wir an es ist der sechste.

Das Springen ist dem Prozessor übrigens angeboren. Er braucht dafür oft nur einen Takt. Das ist unvorstellbar schnell. Selbst einer der ältesten Prozessoren, den wir so kennen, der des Commodore 64 aus den 80ern, arbeitete mit 1 MHz Taktfrequenz. Da sind zweitausend Takte während der erwähnten 2 ms für die Verbrennung möglich. Heutige Prozessoren, auch solche im Kraftfahrzeug, sind mindestens tausend Mal so schnell.

Natürlich nutzt man diese enormen Möglichkeiten nicht nur, um einen Zündzeitpunkt nach Last und Drehzahl zu verstellen. So ist z.B. die Temperatur eines Motors eine wichtige Einflussgröße. Sie ahnen vielleicht schon, wie das vorhandene Kennfeld um deren Einfluss erweitert wird. Man nimmt einfach z.B. weitere 12 verschiedene Temperaturen bei den Messungen hinzu und trägt die 144 Werte zwölf Mal hintereinander ein.

Jetzt muss der Prozessor erst große Sprünge zu der richtigen Temperatur, dann kleinere zur richtigen Drehzahl und dann Einzelschritte zur richtigen Last durchführen. Können Sie sich jetzt vorstellen, dass, genügend Speicherplatz vorausgesetzt, noch mehr Parameter möglich sind, nach denen die Zündung ausgerichtet werden kann?

Wichtig zu erwähnen ist nämlich, dass die notwendigen Schritte z.B. zur Vorverstellung der Zündung bei Drehzahlanstieg nicht alle gleich sind. D.h. man erzielt manchmal bessere Resultate, wenn man die Zündung von 3500/min auf 4000/min nicht um 5°, sondern nur um 3° vorverlegt. Das war mit der alten Fliehkraftverstellung nicht möglich, ist aber heute kein Problem mehr.

Es gibt sogar Motoren, die wollen, dass z.B. ab 5000/min die Frühzündung leicht zurückgenommen wird. Auch das ist erst seit der Einführung der vollelektronischen Zündung möglich. Übrigens wird nicht unbedingt jeder

Betriebspunkt bei Versuchen angefahren. Erstens hat man Werte früherer Motoren und prüft nur kritische Bereiche und zweitens kann die Software selbstständig Zwischenwerte bilden (interpolieren).

▣ Kennfeld 2

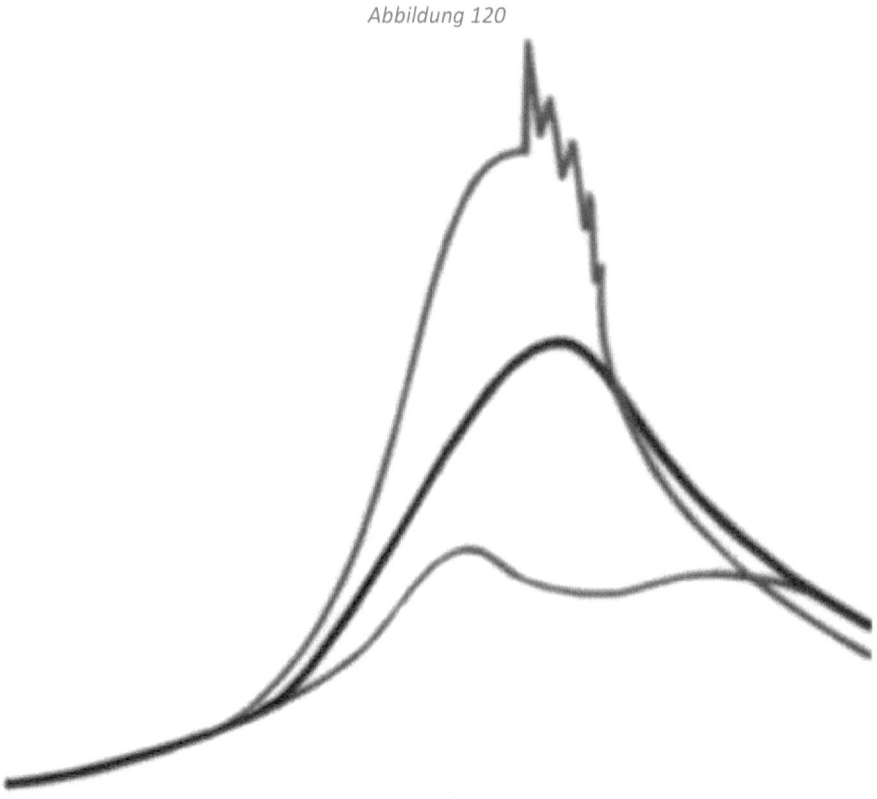

Abbildung 120

Von oben nach unten: Zündung zu früh, gerade richtig, zu spät

Jetzt haben wir einen ganz wichtigen Aspekt nur kurz angerissen. Es gibt nämlich eine Art magischen Punkt bei der Zündung, der besonders viel Einfluss auf die Regelung hat. Es ist der Punkt der klopfenden Verbrennung.

Sie ist es z.B. auch, die u.U. eine Rücknahme der Zündung trotz Drehzahlerhöhung erzwingt. Sie hat sehr viel mit der Verdichtung, der Form des Brennraums und der Anordnung der dazu gehörigen Teile zu tun.

Klopfende Verbrennung ist der Feind der Mechanik des Benzinmotors. Sie tritt auf, wenn sich während der durch den Lichtbogen der Zündkerze eingeleiteten Verbrennung irgendwo im Brennraum eine zweite Flammenfront bildet. Man muss sich das so vorstellen, als würden die schon erwähnten Radikalen nicht auf reaktionsträge Moleküle, sondern auf durch die zweite Flammenfront ebenfalls schon gebildete Radikale treffen.

Das Ergebnis ist zunächst einmal eine schlagartige Druckerhöhung, die entweder mit klopfendem oder klingelndem Geräusch verbunden sein kann. Tritt das nur kurzzeitig auf, hat das meist keine verheerende Wirkung. Die alten VW-Boxermotoren konnten solche Geräusche von sich geben, wenn man in einem zu hohen Gang trotzdem Vollgas gab. Das klackerte ein wenig und gut war's.

Diesen Fall ordnet man dem sogenannten 'Beschleunigungsklopfen' zu. Es ist auch deshalb nicht so tragisch, weil es meist trotz der Fahrgeräusche hörbar ist. Die natürliche Reaktion der meisten Fahrer/innen lässt es dann auch verstummen. Viel schlimmer ist das 'Hochgeschwindigkeitsklopfen'. Es ist nicht in der Lage, die dann erhöhten Fahrgeräusche zu übertönen.

Es gilt, beim Klopfen Schäden mechanischer und thermischer Art zu unterscheiden. Also eine defekte Lagerung der oder an der Kurbelwelle gehören zur ersten durchgebrannte Ventile oder Kolben zur zweiten Kategorie. Es reicht meist für einen kapitalen Motorschaden. Passieren konnte früher so etwas übrigens auch dann, wenn mangels Schmierung die Fliehgewichte vollkommen ausgestellt blieben, obwohl sie eigentlich wegen der geringeren Drehzahl hätten zurückkehren müssen.

Jetzt können Sie natürlich die berechtigte Frage stellen, warum man sich denn überhaupt in die Nähe klopfender Verbrennung begibt. Man könnte doch die Zündung so weit in Richtung spät stellen, dass die Temperatur im Brennraum schön niedrig bleibt und eine klopfende Verbrennung erst gar nicht möglich wäre.

Der Gedankengang wäre zweifellos richtig, gäbe es nicht die Einschränkung, dass dann sowohl Verbrauch als auch Leistung und Abgase dieses Motors leiden müssten. Um es kurz zu machen, in der Nähe der klopfenden Verbrennung hat der Benzinmotor den besten Wirkungsgrad. Und den schätzen sowohl Leistungsfetischisten als auch Spritknauser.

Was tun? Wieder hilft die Elektronik in Form eines Klopfsensors. Sie wissen vielleicht, dass er besonders dünne Schichten aus Piezo-Kristall enthält, die sich entweder beim Anlegen von Spannung mit großer Kraft ein ganz klein wenig ausdehnen, oder umgekehrt bei Schwingungen eine solche Spannung abgeben. Schraubt man sie mit dem richtigen Drehmoment an den Motorblock in die Nähe zu erwartenden Klopfens, kann man dieses für die Elektronik erfahrbar machen.

Das hört sich einfacher an als es ist. Die Elektronik muss nämlich zunächst lernen, die normalen Schwingungen des Motorblocks an der Stelle von den irregulären zu unterscheiden. Außerdem muss der Sensor nah genug dran sein. Es ist also in der Regel bei mehr als vier Zylindern in Reihe oder gar V- bzw. Boxermotoren mehr als ein Klopfsensor nötig.

Aber dann ist die ganze Installation eine fabelhafte Hilfe. Tritt irgendwo Klopfen auf, dann weiß das Motormanagement wegen des soeben erzeugen Befehls zur Zündung genau, welcher Zylinder da zickt. Noch bevor der das nächste Mal zum Einsatz kommt, hat das Steuergerät seinen Zündzeitpunkt um sagen wir 3° zurückgenommen. Klopft es dort immer noch, wird die Prozedur wiederholt.

Jetzt kann man die Spätzündung auf einem Zylinder nicht zu sehr ausarten lassen. Das wäre dann so, als liefe der Motor auf einem Zylinder weniger. Deshalb wird bei weiterer Wiederholung des Fehlers die Zündung auch für die anderen Zylinder zurückgenommen. Übrigens kann statt der Rücknahme der Zündung auch das Kennfeld ausgetauscht werden.

Hier kann sich die Elektronik fast noch mehr als bisher austoben, zum Nutzen der Autofahrer. Früher stand die Zündung bei kaltem Motor und deshalb geringen Drehzahlen brav auf einem Wert irgendwo zwischen 10 und 20° vor OT. Dabei ist bei Kälte die Gefahr einer Selbstzündung und damit verbundener klopfender Verbrennung viel geringer.

Was tut also die Zündung? Sie fährt den Zündzeitpunkt immer weiter nach vorn. Ist es ein lernendes (adaptives) System, kann es sogar den Anfangspunkt dieser Regelfahrt im Laufe eines Motorlebens immer wieder neu anpassen. Denn eins ist wichtig, es darf seine angeborene Schnelligkeit nicht ausspielen, sondern muss künstlich stark abgebremst werden.

Denn natürlich darf so ein System nicht überreagieren. Mechanik und auch Thermik braucht eine gewisse Zeit, sich an geänderte Verhältnisse zu gewöhnen. Aber wenn dann die Frühzündung auf 50° vor OT oder noch früher steht, kann man sowohl von einem besseren Drehmoment als auch von einer gewissen Rücknahme des früher so hohen Kaltlaufverbrauchs ausgehen.

◻▥ Druck erzeugt Kraft 1

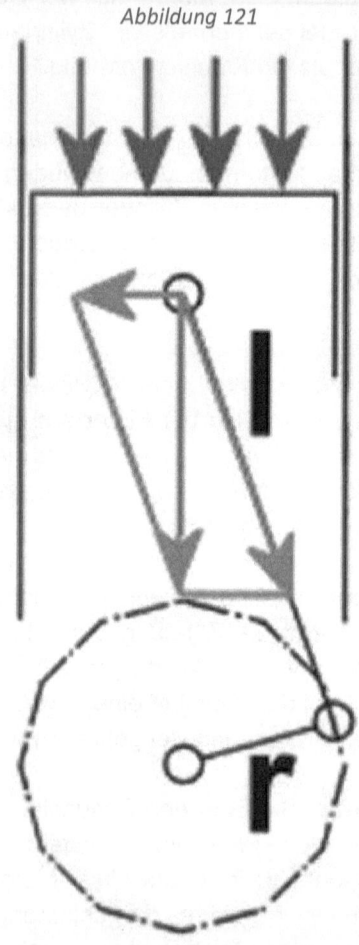

Abbildung 121

Natürlich pflanzt sich Druck in alle Richtungen fort. Ist die Kopfdichtung an einer Stelle zu schwach, dann pfeift es da heraus. Auch der Zylinderkopf selbst muss Einiges aushalten. Schauen Sie sich nur manche als Dehnschrauben ausgebildete Bolzen zu seiner Befestigung an. Sie werden nach strikter Reihenfolge meist mit Drehmoment und Drehwinkel angezogen. Bei Tuning werden oft sogar verstärkte Bolzen oder Schrauben verwendet.

Man neigt leicht zur Unterschätzung der hier auftretenden Kräfte. Zu gut noch in der Erinnerung das Bild der zwei Monteure. Zufällig gleichzeitig zog der eine die Kopfschrauben eines Dieselmotors und der andere die eines Benzinmotors an. Dem letzteren ging die Arbeit relativ leicht von der Hand, während dem anderen mangels entsprechender Verlängerung die Anstrengung ins Gesicht geschrieben stand.

Die Ausdehnungskraft des verbrennenden Luft-Kraftstoff-Gemischs nutzt gar nichts, solange sie nicht über das Pleuel auf die jeweilige Kröpfung der Kurbelwelle übertragen wird und als Drehmoment an der Kupplung ankommt. Aber es gibt Begleiterscheinungen. Die Gaskraft wirkt zwar ziemlich gleichmäßig auf die Fläche des Kolbenbodens, aber der könnte praktisch nur in OT oder in UT die Kraft entlang der Mittellinie an die Kurbelwelle weitergeben.

Aber genau dann ist es ziemlich sinnlos, in OT zu früh und in UT viel zu spät. Wenn also viel Gaskraft nach OT entsteht, so bedeutet das eine gewisse Schrägstellung des Pleuels, abhängig von der Gradzahl nach OT und grundsätzlich von der Pleuellänge. Solange l und r auf dem Bild oben nicht senkrecht aufeinander stehen, wächst die Schrägstellung des Pleuels, je kürzer l umso mehr. Und Schrägstellung bedeutet automatisch einen Anteil an Seitenkraft beim Kolben.

Ideal wäre hier also wieder einmal das lange Pleuel, weil bei sozusagen unendlicher Länge l die Seitenkraft gleich Null wäre. Aber ein nicht so hoher Motor ist leichter und das Pleuel bei geringerer Länge auch. Die vom Verbrennungsdruck kommende Kraft teilt sich also in eine Seiten- und Pleuelstangenkraft auf.

Wenn man jetzt die Zündung schon relativ früh einleitet, existiert auch in OT schon ein gewisser Druck. Und genau in diesem Punkt wechselt der Kolben die Seiten, wenn die Mitte von Kolbenbolzen und Kurbelwelle exakt übereinander liegen. Es wäre besser, der Kolben würde bei noch geringerem Druck die Seiten wechseln.

Abbildung 122

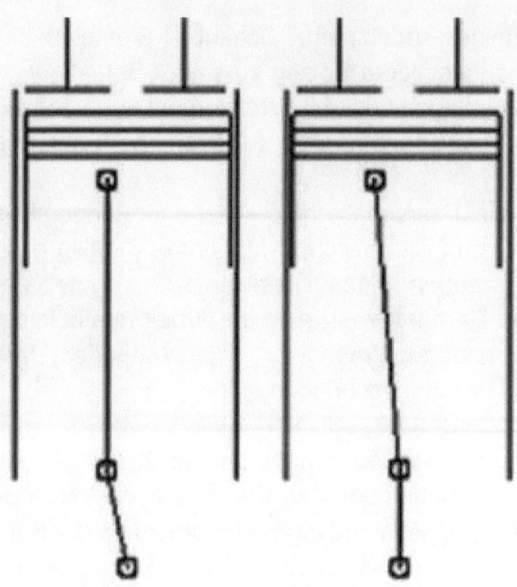

Hier sehen Sie in etwas übertriebener Form, wie man das Problem löst. Man versetzt den Kolbenbolzen ein wenig in Richtung der ersten Druckseite, also nach links. Dadurch hat der Kolben schon die Seiten gewechselt, bevor er OT erreicht. Der Effekt der Desachsierung ist bei bestimmten Motoren so stark, dass bei einem um 180° verdrehten Einbau der Kolben ein regelrechtes Klappern zu hören ist.

Man muss also bei solchen Kolben eine bestimmte Einbaurichtung beachten. Oft ist ist die aber auch schon durch die im Kolbenboden eingearbeiteten Ventiltaschen gegeben. Bei Boxer- oder V-Motoren geht das sogar so weit, dass es für beide Seiten verschiedenen Kolben gibt, unbedingt zu beachten bei der Montage.

> Desachsierung immer zur Druckseite hin.

Abbildung 123

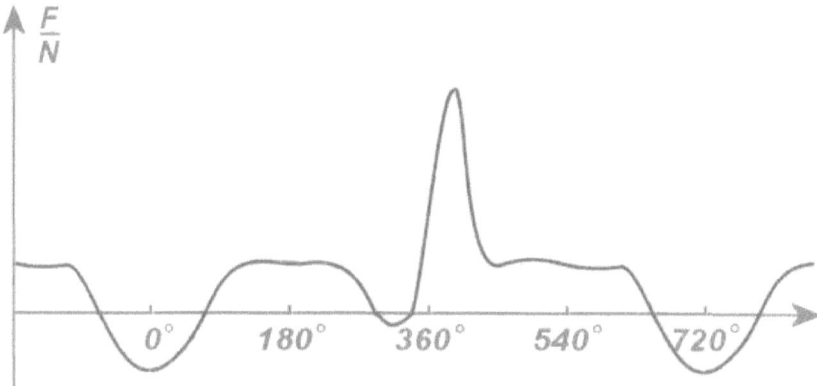

Das Diagramm zeigt die stark wechselnde Kolbenkraft während eines Arbeitsspiels, wobei natürlich deren Maximum zu Beginn des Arbeitstakts (360°) sowohl für den Funktionsablauf als auch die Dimensionierung des Kolbens am wichtigsten ist. Hier verzeichnet bei Hubraumgleichheit der Diesel gegenüber dem Benziner und der aufgeladene gegenüber dem frei saugenden die höheren Kräfte.

▫▥ Druck erzeugt Kraft 2

Abbildung 124

Ein geschundener Diesel-Kolben

kfz-tech.de/PVe16

Gehen Sie bei einem etwas hubraumgrößeren Benzinmotors von einer Last von maximal 5 Tonnen aus. Das ist der Grund, warum ein schwerer Lkw bei entsprechender Versuchsanordnung auf vier Pkw-Kolben geparkt werden kann, was die Stabilität von Kolben deutlich macht. Was ihnen aber anscheinend noch mehr zu schaffen macht, sind Druckschwingungen.

Diese sind meist ein sicheres Zeichen, dass etwas schiefläuft. So trifft klopfende Verbrennung anscheinend den Kolben am schwersten. Hierbei können auch örtlich höchstzulässige Temperaturen überschritten werden. Es sind kurzzeitig weit über 2000°C möglich. Da die größte Wärme immer den Kolbenboden trifft, wird sie auch eher über die obersten Kolbenringe als den Kolbenschaft abgeleitet.

Wir haben es mit einer oszillierenden (hin- und hergehenden) und einer rotierenden Masse zu tun. Entsprechend wird auch das Pleuel rechnerisch aufgeteilt, seine Masse sozusagen auf die beiden Pleuelaugen verteilt. Das kleine Pleuelauge wird dann dem Kolben, das große der Kurbelwelle zugeschlagen.

Jetzt haben Sie einen Anhaltspunkt, wie man die an den Gegenseiten der Kurbelkröpfungen befestigten Gewichte dimensioniert, die bei größeren Motoren manchmal sogar geschraubt sind. Vereinfacht gesagt: Das Pleuel etwa in der Mitte durchsägen und an der Kurbelwelle durch entsprechende Gegengewichte eine Auswuchtung möglich machen, die übrigens durch Bohrungen in diese fein abgestimmt wird.

Jetzt gibt es aber noch die oszillierenden Massen von Kolben, Kolbenringen, Kolbenbolzen und Bolzensicherungen zusammen gerechnet mit dem kleineren Teil des Pleuels. Um die z.B. in den Totpunkten auszugleichen, müssten die Gegengewichte noch größer gewählt werden. Das geschieht auch bei Einzylindern ohne Ausgleichswelle nur zu etwa 50 Prozent.

Man gleicht nicht zu 100 Prozent aus, weil diese zusätzliche Masse bis zur Mittelstellung zwischen UT und OT eine Seitenkraft aufbaut, die nur bei Mehrzylinder-Kurbelwellen einigermaßen aufgefangen werden. Der Einzylinder bräuchte eigentlich für die fehlenden 50 Prozent eine Ausgleichswelle zur Reduktion der anderen 50 Prozent.

Die müsste aber exakt dort angeordnet sein, wo auch die Kurbelwelle ist. Da das nicht geht, nimmt man zwei je links und rechts von der Kurbelwelle mit je 25 Prozent. Die ergeben dann in UT und OT den gesuchten hundertprozentigen Ausgleich. Lässt man sie auch noch gegen die Drehrichtung der Kurbelwelle rotieren, gleichen sie auch die Seitenkräfte einigermaßen perfekt aus.

Stichworte

Abdichtung 27, 59
Abgas 39, 82, 88, 108, 113, 118, 138, 161, 163, 166
Abgasanlage 81
Abgasentgiftung 108, 162
Abgasführung 136
Abgasgegendruck 136
Abgaskanäle 157
Abgasrückführung 108, 113
abkühlen 73
Abmagerung 168, 178
abnehmbar 14
ABS 180
Abschaltung 160
absolut 19, 125
Abweichung 162
Achsantrieb 142
Achse 76
AdBlue 66
Aggregatzustand 87
Aluminium 72, 73, 86, 149
Aluminiumlegierung 85
Anfahren 34, 111
Anforderung 178
Anlasser 40
Anordnung 14, 62, 102, 104, 184
Anpassung 112
Anreicherung 119
Ansaugen 17, 46, 127, 157, 167, 178
Ansaugkanal 113, 167
Ansaugrohr 116, 167
Ansaugsystem 108
Ansaugtakt 107, 108
Ansaugung 116
Anschlag 116, 180
Anspringen 152
Antrieb 100, 114, 119
Antriebe 23
Antriebseinheit 100
Anzeichen 62
anziehen 100
Arbeit 15, 16, 187
Arbeitsspiel 46, 104, 113
Arbeitstakt 16, 17, 108
Aromaten 176
Asche 72
Aspekt 183
Ästhetik 75, 77, 82
Atkinson 16, 117, 119

Atkinson-Prinzip 117
Atmosphäre 9
Atmosphärendruck 107, 180
ätzen 86
Audi 49, 64, 142
Aufbau 117, 119
Aufladung 9, 17, 53, 63, 67, 68, 105, 111, 112, 116, 128, 154, 157
Auflieger 132
Aufwand 40, 79, 104, 133, 135, 153, 167
Auge 80, 172
Ausbildung 72
Ausdrehen 96, 100
Ausfahrt 145, 146
Ausgangsleistung 137
Ausgangsstellung 178
Ausgleichswelle 191
Ausgleichswellen 75
Ausland 176
Auslasskanal 118
Auslassventil 14, 39, 112
Auslegung 126
Auspuff 116
Ausstoßen 17, 46
Austausch 36, 176
Austin 33, 37
Auto 40, 44, 50, 51, 53, 180
Autobahn 120, 142, 144, 145, 167
Automobilindustrie 44, 165
Batterie 143
Bearbeitung 73, 74, 95, 96
Belastung 53, 90, 99, 123
Benz 23, 30, 49
Benzin 31, 134, 153, 154, 156, 175, 176
Benzin-Direkteinspritzung 67, 107
Benzineinspritzung 48, 56
Benzol 176
Berechnung 154
Berechtigung 107
Beschleunigung 125, 145
Betrieb 82, 95, 104
Betriebszustand 147, 169
Bewegung 8, 19, 39, 72, 101, 138, 169
Bewegungsenergie 104
Bezug 56, 114, 148
Bienenwabenkühler 32
Bild 38, 42, 45, 93, 124, 127, 187
Bildung 116
Biodiesel 153, 154

Bit 181
Bitumen 160
BMW 48, 78, 143, 167
Bohrung 73, 100, 110, 112, 115
Bolzen 187
Bord 31
Boxermotor 19, 38, 70, 80, 81
Bremse 145
Bremsen 145
Brennraumform 59
Buchse 87
Buchsen 39, 40
Bugatti 44
Cetanzahl 153, 176
Comprex-Lader 105
Dach 49
Daimler 23, 24, 30, 32, 49, 158
Dampf 9, 33
Dampfmaschine 6, 9, 23, 27, 34
Daten 119, 122, 131, 181
Dauerleistung 137
Deckel 14
DeNOX-Kat 166
Desachsierung 188
Deutschland 33, 49, 50, 53, 62
Diagramm 118, 131, 132, 134, 141, 144, 146, 189
Dichte 141, 153, 156
Dienst 170
Dieselkraftstoff 138, 143, 154, 156, 175
Differenz 137, 147
Dilemma 82
Direkteinspritzung 14, 53, 55, 56, 63, 106, 112, 142, 161, 164
Division 137
DKW 45, 49
Drehkolbenmotor 59, 70, 82
Drehmeißel 73
Drehmomentwandler 34
Drehrichtung 179, 191
Drosselklappe 167
Druckanstieg 176, 178
Düse 9, 31, 56
E-Antrieb 34
Effizienz 34, 137, 142
Einbau 188
Einheit 38, 137
Einkommen 44
Einlass 15
Einsatz 185
Einspritzdauer 157
Einspritzpumpe 53, 167
Einspritzung 15, 41, 62, 154, 155
Einspritzventil 14

Einzylinder 109, 191
Eis 116
Eisen 73, 145
Elektroauto 143
Elektromotor 7, 75, 119
Elektronik 185
Emission 151
Emissionen 150
Engagement 24
Entstehen 177
Entwickeln 151
Entwickler 30, 40
Entwicklung 14, 23, 24, 34, 35, 39, 40, 41, 43, 44, 59, 64, 133
Erdgas 154
Erdöl 33
Erfinder 17, 22, 23
Ersatz 122
Ethanol 153
EU 165
Europa 33, 40, 41, 43, 44, 49, 50, 53, 56
Expansion 104, 118, 135
Experten 150
Fahrgeschwindigkeit 126
Fahrleistungen 64
Fahrt 31
Fahrtwind 106
Fahrzeughersteller 99
Fehlanzeige 154
Fehler 18, 116, 152
Felgen 96
Ferrari 54
Feuchtigkeit 72
Fiat 33, 65
Fläche 70, 135, 155, 187
Flugmotor 48
Flüssigkeitskühlung 106
Ford 33, 50, 56, 64
Formel 110, 114, 123, 129, 132, 146, 150, 157
Fremdzündung 105, 164
Front 54
Führung 148
Füllung 107, 108, 113, 119, 130, 136
Funktion 167
Gang 145, 146, 147, 159, 184
Gänge 146
Garantie 28
Gas 106, 111, 119, 134, 145, 147, 174
Gaswechsel 135
Gegendruck 15, 116
Gehäuse 148
Geld 53

Gemisch 15, 28, 30, 46, 155, 162, 164, 169, 170, 172
Gemischbildung 30, 36, 61, 154, 157, 162, 170, 172
Gesamthubraum 110
Geschichte 154
Geschwindigkeit 87, 113, 123, 124, 142, 144
Gesetz 162
Gesetzgebung 62
Gespräch 91
Getriebe 117, 142
Gewicht 7, 28, 34, 49, 132, 134, 143
Gewichte 191
Gewinn 34
Gleichheitszeichen 126
Gleichung 124, 126, 137
Grauguss 14, 27, 85, 92
Grenzdrehzahl 145, 175
Großstadt 149
Grund 15, 18, 116, 190
Grundlagen 27
Hand 181
Hauptlager 20, 82
Hersteller 44, 54, 58, 62, 64, 132, 167
Herstellung 149
Hilfe 31, 145, 185
Hitze 169
Höhe 98, 127, 154
Hub 104, 110, 112, 118, 124
Hubraum 99, 110, 119, 127, 128, 129, 132, 135, 136, 137
hydraulisch 100
Hydrostößel 114
Impuls 24
Index 140
Inflation 44
Information 114
Injektor 112, 154
Inspektion 175
Installation 185
Kalifornien 62
Kälte 185
Kaltstart 151, 157, 170
Kanal 10, 167
Kanäle 72
Karosserie 53, 133
Katalysator 162
Katastrophe 116
Kennfeld 180, 181, 182, 183, 185
Kennfelder 106, 180
Kerosin 9, 160
Kette 176
Kipphebel 14

Klammer 124, 126
Klein 23
Kleinwagen 44, 45
Klopfgrenze 119
Klopfsensor 185
Kohlenstoff 151, 172, 175
Kolbenbolzen 73, 90, 187, 188, 191
Kolbengeschwindigkeit 123, 124, 126, 127
Kolbenkraft 127, 189
Kolbenringe 73, 91, 191
Kompression 15, 115, 119
Kompressor 49, 107
Kompromiss 113
Königswelle 42
Kontakt 72
Konzept 123
Konzepte 111
Korrektur 165
Kosten 112, 114
Kraft 9, 135, 185, 186, 187, 190
Kraftfahrzeug 9, 24, 56, 104, 182
Kraftstoffs 53
Kraftstoffverbrauch 56, 59, 132, 133, 134, 162
Kreiskolbenmotor 7, 59, 60
Kreislauf 31
Kreisprozess 177
Kühlmittel 31, 148
Kühlmittelpumpe 148
Kühlung 36, 40, 99, 106, 138
Kühlwasser 31
Kunde 174
Kunden 99, 143
Kupfer 47, 72
Kupplung 34, 117, 127, 187
Kurbeltrieb 9, 15, 104, 105
Kurbelwinkel 123
Kurve 126, 129
Kurzschreibweise 151
Lack 62
Ladedruck 122, 131, 132
Ladedruckregelung 131
Ladeluftkühler 116
Ladeluftkühlung 107
Lader 131
Ladung 132
Lager 95
Lagerung 184
Lambda 154, 158, 161, 162, 164
Lambdasonde 62
Laser-Honen 88
Last 164, 178, 179, 180, 182
Lastwagen 34

Laufzeit 73
Lautstärke 9
Layout 56
Leergewicht 148
Leerlauf 174, 175
Leistungsfähigkeit 59, 119
Leistungssteigerung 137
Leitung 115, 116, 153
linear 58, 69
Linie 28
Lkw 51, 63, 164, 190
Lkw-Dieselmotor 56
Lkw-Motor 66
Loch 115
Luftkühlung 47, 106
Lüftung 142
Luftwiderstand 142, 143
Magnesium 72
Magnetventil 155
Marke 54
Maß 100, 153, 176
Masse 73, 153, 191
Material 73, 87, 88, 101, 153
Mathematik 124
Mazda 15, 59, 111
Mechanik 39, 59, 117, 139, 153, 184, 185
mechanisch 100, 178
Mehrleistung 114
Mehrscheibenkupplung 82
Meinung 105
Menü 123
Mercedes 36, 40, 50, 51, 56, 158
Merken 164
Messen 74, 99
Messschraube 70
Messung 180
Metall 100
Miller 119
Minimum 147
Mischung 170
Mischungsverhältnis 151
Mittel 94
Mitteldruck 134, 135, 136, 137
Mittellinie 100, 187
Mittellinien 82
Mittelschicht 44, 112
Mittelwert 141
Modell 114
Modus 167
Moleküle 72, 184
Montage 94
187
Motor 9, 79, 80, 82
Motorbelastung 99

Motorblock 38, 115
Motorbremse 145
Motordrehzahl 129, 170, 178
Motorlauf 73, 153
Motorleistung 142
Motormanagement 11, 154, 170, 180, 185
Motoröl 51, 106, 115, 174
Motorrad 130
Motorschaden 184
Motorstart 94, 167
Motorsteuerung 11, 27, 108, 111, 113, 130, 175
Muschelkurven 147
Muster 114
Mutter 33, 64
Nenndrehzahl 173
Neuwagen 174
Niveau 31
Nocken 11, 39, 104, 112, 114
Nockenwelle 11, 13, 14, 39, 54, 113, 114
Nockenwellen 13, 42, 114
NOX 162, 163
NSU 59
Null 124, 125, 187
Nullpunkt 181
Nummern 96
Nut 73
Nutzen 135
Nutzung 9
Oberklasse 54
Ofen 72
Oktanzahl 43, 153, 175
Öl 36, 37, 85, 87, 88, 94, 115, 172, 174
Oldtimer 115
Ölmessstab 116
Ölwechsel 51
Opel 49
Otto 17, 23, 24, 30
Oxidation 163, 172
Patent 24, 119
Petroleum 158, 160
Peugeot 45
Phase 64, 119, 164, 176
Pkw 63, 132, 142
Pkw-Dieselmotor 64
Pkws 172
Platte 179
Platz 93, 110, 112
Pleuel 27, 75, 80, 96, 99, 118, 127, 187, 191
Pleuellager 20, 42, 82
Plus 150
pneumatisch 100

Pontonkarosserie 56
Porsche 34, 45, 81
Praxis 16, 147, 181
Präzision 53
Preis 30, 34, 49
Prius 119
Probe 72
Probefahrt 111
Produkt 22, 36, 110, 135
Produktion 33, 49, 50
Programm 64
Projekt 45
Prototypen 58
Prozedur 185
Pumpedüse 65, 66
Qualitätsregelung 169
Quantitätsregelung 171
Querschnitt 70
Rad 59, 100
Räder 9, 142
Radlager 142
Rail 65
Rauchentwicklung 56
Raum 34, 39, 104, 110, 169
Rechnen 126
Rechner 123
Rechnung 151, 180
Recht 80
Reduktion 163, 191
Regel 46, 81, 114, 146, 148, 157, 162, 170, 178, 185
Regelung 47, 62, 167, 178, 179, 180, 183
Regierung 53
Reibung 85, 139
Reichweite 7, 143
Reihe 38, 47, 108, 126, 181, 185
Reihenfolge 104, 153, 187
Reihen-Sechszylinder 56
Rekord 143
Rekuperation 143
Rennsport 41, 44
Reparatur 36
Reservoir 36
Rest 54, 114, 131, 154
Richtung 39, 98, 174, 184, 188
Riese 33
Ring 10
Rolle 7, 24, 28, 51
Rover 64
Rück 113
Rückschlagventil 39
Salz 72
Sauerstoff 151, 162, 169, 176
Saugmotor 105, 128

Saugrohr 115
Schäden 174, 184
Schadstoffe 163, 166, 172
Schaltgetriebe 142
Scheibe 39
Schicht 56, 87, 88
Schichtladung 106, 154, 167, 170
Schiff 24, 140
Schlepphebel 14
Schmieden 28, 73, 96, 148
Schmierstellen 36, 37
Schmierung 36, 40, 59, 85, 148, 184
Schräglage 115
Schrauben 36, 187
Schub 53
Schwefel 153
Schwerlastwagen 132
Schwerpunkt 81
Schwingungen 185
Schwung 45
Schwungrad 70, 82, 108, 139
Selbstzündung 15, 160, 162, 176, 185
Sensor 185
Sensorik 114
Serie 15, 17, 24, 99, 112, 114
Sicherheit 147
Signal 179
Sinus 123
Sitz 39
S-Klasse 150
Späne 96
Spannung 180, 185
Spaß 180
Speicher 180
Spiel 119
Spitze 131
Spitzen 85, 89
Sportwagen 125
Sprit 118
Spur 34
Stahl 87, 114
Standard 56
Start 112
Start-Stopp-Automatik 150
Stau 146
Stellung 15, 117
Sternmotor 79, 104
Steuergerät 62, 182, 185
Steuerkette 115
Steuerung 104
Steuerzeiten 114
Stickoxide 166, 172
Stirlingmotor 103
Störung 170

Straße 36
Straßenverkehr 134
Strecke 134, 142
Strich 167
Strom 105
Stück 27, 100, 134
Studien 62
Stuttgart 158
Super 150
Superbenzin 167
Takt 104, 107, 182
Tank 33, 62, 143, 153
Tankstelle 143
Taschenrechner 123
Tauchschmierung 37
Taxi 53, 63
Teillast 169
Teillastbereich 167
Temperatur 72, 108, 182, 184
Totpunkt 10, 70, 118
Toyota 119
Tradition 23
Treibstoff 9, 51, 169
Treibstoffe 43, 176
Trend 148
Trommel 104
Tuningteile 94
Turbo 107
Turbolader 68, 111, 116, 173
Typprüfung 62
Umgebung 151
Umlauf 31
Umrechnung 138
Umschalter 116
Umwelt 62, 115, 143, 153, 162
Unterbrecherkontakte 179
Unterdruck 31, 116, 135, 180
Ventil 10, 11, 13, 14, 112, 113
Ventilfeder 39
Ventilhub 114
Ventiltrieb 132, 139
Ventilüberschneidung 108
Verbesserung 24
Verbindung 13, 115
Verbrennungsdruck 187
Verbrennungsmotor 6, 7, 9, 23, 27, 28, 33, 34, 75, 108, 119, 140, 143, 150, 151
Verdichten 17, 46, 118, 135
Verdichtung 15, 24, 73, 104, 111, 119, 120, 122, 154, 169, 176, 184
Verdichtungstakt 24, 110, 178
Verdichtungsverhältnis 43, 110, 111, 112, 128, 157
Verfahren 73, 87, 88, 89, 103, 165

Vergaser 15, 30, 62, 65, 160
Vergleich 133, 143, 156
Verhalten 144, 145
Verkauf 44
Verkehr 68, 145, 146
Verlust 115, 139, 142, 167, 168, 169
Verluste 137, 138, 139, 140, 142
Vermischung 24
Verschleiß 72, 88, 99
Versorgung 43
Versuch 70, 105, 112
Verteilung 33, 164, 166, 177
Video 7
Viertaktmotor 22, 23, 30, 108, 113
Vierzylinder 27, 30
Viskosität 153
V-Motor 38, 81
Volllast 119, 151, 167, 172
Volt 180
Volumen 30, 110
Vorderachse 148
Vorgänge 107, 163, 175
Vorkammer 56
VW 64, 65, 82, 116, 143, 167
Wanderer 49
Wankel 57
Wankelmotor 40, 57, 58, 69
Wärme 15, 34, 138, 156, 157, 176, 191
Wasser 31, 32, 72, 73, 151
Wasserstoff 9
Weiche 85
Welle 11, 20, 59, 114
Welt 45, 53, 154
Werk 95
Werkstatt 36
Werkstück 73
Werkzeug 96
Werkzeugstahl 114
Wettbewerb 53
Windeseile 87
Winkel 10, 19, 82, 114
Wirbelkammer 64
Wirkungsgrad 24, 34, 103, 137, 138, 139, 140, 164, 167, 172, 184
Wissen 144
Wunder 44
x-Achse 146, 179
y-Achse 146, 179
Zahl 64, 71, 110, 150
Zahnriemen 115
Zentrale 168
Zündverstellung 179
Zündzeitpunkt 30, 159, 178, 180, 182, 185

Zweitaktmotor 46, 56 Zylinderkopf 13, 14, 38, 54, 62, 70, 82, 100, 115, 148

▫▬ Wie geht es weiter?

In der Tat, das Buch nähert sich rasant dem Ende. Aber das soll es nicht gewesen sein. Wir lassen Sie nicht allein mit dem Thema.

Wir haben ja unsere Website kfz-tech.de. Und wenn es Neuigkeiten zu diesem Thema gibt, können sie diese durch einen Klick auf das Symbol oben finden. Sie können daran teilhaben, sogar ohne weitere Kosten, solange die Texte noch nicht Eingang in das Buch gefunden haben.

▢|｜｜ Wenn Ihnen . . .

- das Buch gefallen hat, wäre es nett, wenn Sie eine Kundenrezension schreiben würden.

- das Buch nicht gefallen hat, wäre es nett, wenn Sie statt einer Kundenrezension eine E-Mail an harald.huppertz@t-online.de schreiben würden. Wir befassen uns mit der Kritik und schicken Ihnen entweder Korrekturen zu oder erklären Ihnen, warum wir auf Ihre Kritik nicht eingehen konnten, versprochen.

▢|｜｜ Alle gedruckten Bücher

Wenn Sie die jeweilige Adresse in Ihren Internet-Browser eintippen, kommen Sie automatisch zu der Seite, auf der das Buch angeboten wird.

Modellbau	
Modellbau 1	kfz-tech.de/M1
Modellbau 2	kfz-tech.de/M2
Modellbau 3	kfz-tech.de/M3
Modellbau 4	kfz-tech.de/M4
Modellbau 5	kfz-tech.de/M5
Modellbau 6	kfz-tech.de/M6
Modellbau 7	kfz-tech.de/M7
Modellbau 8	kfz-tech.de/M8
Modellbau 9	kfz-tech.de/M9
Modellbau 10	kfz-tech.de/M10
Modellbau 11	kfz-tech.de/M11
Modellbau 1-4	kfz-tech.de/M1-4

Kfz-Technik	
Autonom	kfz-tech.de/B12
CAN-Bus	kfz-tech.de/B01
CAN-Bus-Software	kfz-tech.de/B36
CAN-Bus-1000 Fragen	kfz-tech.de/B37
CAN Softw. Telem. 1000 Fragen	kfz-tech.de/B38
Computer	kfz-tech.de/B67
Software	kfz-tech.de/B03
Telematik	kfz-tech.de/B24
Sensoren	kfz-tech.de/B58
eDrive	kfz-tech.de/B02
eDrive 2	kfz-tech.de/B68
Verbrennungsmotoren	kfz-tech.de/B08
Verbrennungsmotoren-Aufgaben	kfz-tech.de/B29
Verbrennungsm.+1000 Fragen	kfz-tech.de/B26
Dieselmotor	kfz-tech.de/B28
Motorsteuerung	kfz-tech.de/B05
Zündung	kfz-tech.de/B62
Aufladung	kfz-tech.de/B34
Benzin-Einspritzung	kfz-tech.de/B11
Abgas	kfz-tech.de/B32
Schmierung	kfz-tech.de/B04
Getriebe	kfz-tech.de/B06
Allrad 1	kfz-tech.de/B30
Allrad 2	kfz-tech.de/B33
Lenkung	kfz-tech.de/B17
Fahrwerk	kfz-tech.de/B16
Hydraulische Bremse	kfz-tech.de/B15
Hydr. Bremse-Fragen	kfz-tech.de/B42
Druckluftbremse	kfz-tech.de/B29
Bremsen-Fragen	kfz-tech.de/B41
Räder	kfz-tech.de/B57
Klimaanlage	kfz-tech.de/B13
Kühlung-Heizung	kfz-tech.de/B14
Klima Kühl.-Heiz.	kfz-tech.de/B51

Karosserie	kfz-tech.de/B49
Design	kfz-tech.de/B40
Mobilität	kfz-tech.de/B54
kfz-Technik 1	kfz-tech.de/B50
kfz-Technik 2	kfz-tech.de/B61
kfz-Technik 3	kfz-tech.de/B52
kfz-Geschichte 1	kfz-tech.de/B46
kfz-Geschichte 2	kfz-tech.de/B47
kfz-Geschichte 3	kfz-tech.de/B48
Volkswagen 1	kfz-tech.de/B59
Volkswagen 2	kfz-tech.de/B60
Porsche	kfz-tech.de/B19
Lamborghini	kfz-tech.de/B55
BMW Teil 1	kfz-tech.de/B31
BMW Teil 2	kfz-tech.de/B35
Mercedes	kfz-tech.de/B53
Ferrari	kfz-tech.de/B45
Deutsch-Englisch	kfz-tech.de/B44
Psychologie	kfz-tech.de/B25
kfz-tech.de	kfz-tech.de/B18
Elektronik	kfz-tech.de/B43
Mathematik	kfz-tech.de/B05
Mathematik-Formeln	kfz-tech.de/B63
Physik	kfz-tech.de/B56
Chemie	kfz-tech.de/B39
Formeln	kfz-tech.de/B27

Wiederholungsfragen	
Verbrennungsmotor	kfz-tech.de/B09
Motormanagement	kfz-tech.de/B10
Bussysteme Elektronik	kfz-tech.de/B07
Prüfungsaufgaben Teil1.1	kfz-tech.de/B20
Prüfungsaufgaben Teil1.2	kfz-tech.de/B21
Prüfungsaufgaben Teil2.1	kfz-tech.de/B22
Prüfungsaufgaben Teil2.2	kfz-tech.de/B23

www.ingramcontent.com/pod-product-compliance
Lightning Source LLC
Chambersburg PA
CBHW030625220526
45463CB00004B/1415